ΣBEST シグマベスト

# 定期テスト 超直前でも 平均+10点 ワーク

## 中1 理科

文英堂

# はじめに

## 中学の定期テストって？

### 部活や行事で忙しい！

中学校生活は，部活動で帰宅時間が遅くなったり，土日に活動があったりと，まとまった勉強時間を確保するのが難しいことがあります。

### テスト範囲が広い！

また，定期テストは「中間」「期末」など時期にあわせてまとめて行われるため範囲が広く，さらに，一度に5教科や9教科のテストがあるため，勉強する内容が多いのも特徴です。

## だけど…

### 中1の学習が，中2・中3の土台になる！

中1で習うことの積み上げや理解度が，中2・中3さらには高校での学習内容の土台となります。

### 高校入試にも影響する！

中3だけではなく，中1・中2の成績が内申点として高校入試に影響する都道府県も多いです。

忙しくてやることも多いし…，
時間がない！

テスト直前になってしまったら
何をすればいいの!?

テスト直前でも，
重要ポイント＆超定番問題だけを
のせたこの本なら，
爆速で得点アップできる！

# 本書の特長と使い方

この本は，**とにかく時間がない中学生**のための，
定期テスト対策のワークです。

## 1. ☑基本をチェック でまずは基本をおさえよう！

テストに出やすい基本的な**重要用語を穴埋め**にしています。
空欄を埋めて，大事なポイントを確認しましょう。

## 2. 10点アップ！↗ の超定番問題で得点アップ！

超定番の頻出問題を，**テストで問われやすい形式**でのせています。
わからない問題はヒントを読んで解いてみましょう。

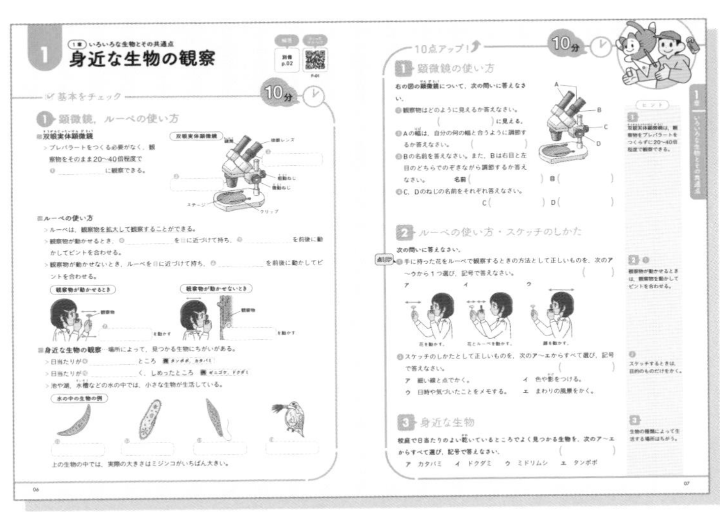

## 答え合わせ はスマホでさくっと！

その場で簡単に，赤字解答入り誌面が見られます。（くわしくはp.04へ）

## ふろく 重要用語のまとめ

巻末に中1理科の重要用語をまとめました。
学年末テストなど，1年間のおさらいがさくっとできます。

# “さくっとマルつけ” システムについて

● 本文のタイトル横のQRコードを，お手持ちのスマートフォンやタブレットで読み取ると，そのページの解答が印字された状態の誌面が画面上に表示されます。別冊の「解答と解説」を確認しなくても，その場ですばやくマルつけができます。

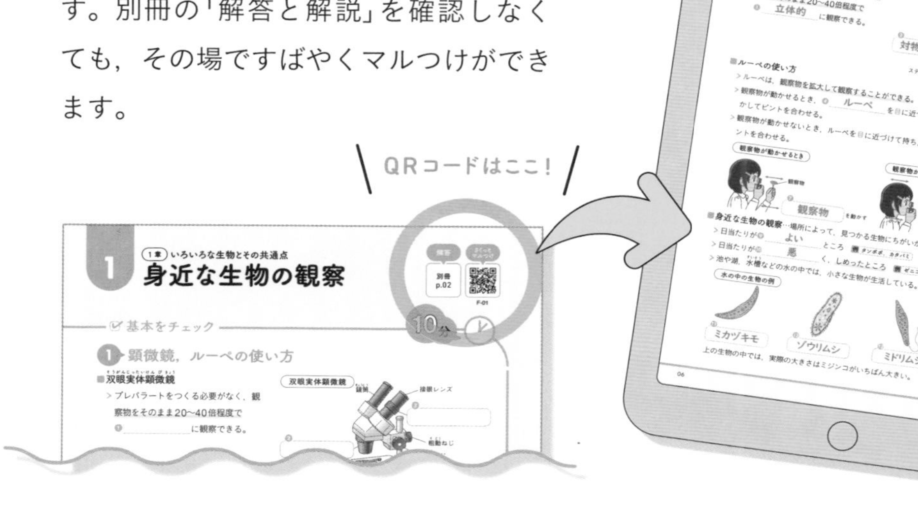


## くわしい解説は，別冊 解答と解説 を確認！

● まちがえた問題は，解説をしっかり読んで確認しておきましょう。

● ミス注意！も合わせて読んでおくと，テストでのミス防止につながります。

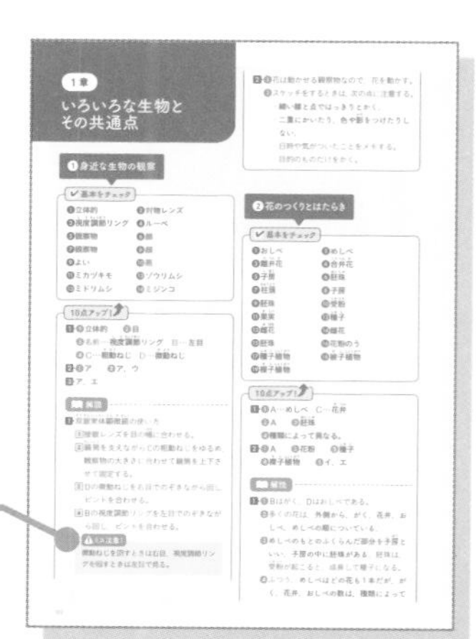


●「さくっとマルつけシステム」は無料でご利用いただけますが，通信料金はお客様のご負担となります。●すべての機器での動作を保証するものではありません。●やむを得ずサービス内容に変更が生じる場合があります。●QRコードは㈱デンソーウェーブの登録商標です。

# もくじ

はじめに ………… 02
本書の特長と使い方 ………… 03
"さくっとマルつけ"システムについて ………… 04

1章 いろいろな生物とその共通点
1 身近な生物の観察 ………… 06
2 花のつくりとはたらき ………… 08
3 葉・根のつくり ………… 10
4 植物の分類 ………… 12
5 動物の分類 ………… 14

2章 身のまわりの物質
1 いろいろな物質 ………… 16
2 実験器具の使い方 ………… 18
3 いろいろな気体 ………… 20
4 水溶液の性質① ………… 22
5 水溶液の性質② ………… 24
6 状態変化 ………… 26

3章 身のまわりの現象
1 光の性質 ………… 28
2 凸レンズのはたらき ………… 30
3 音の伝わり方 ………… 32
4 力のはたらき ………… 34
5 力の表し方とつり合い ………… 36

4章 大地の変化
1 火山と火成岩 ………… 38
2 地震 ………… 40
3 地層のでき方と堆積岩 ………… 42
4 大地の変動 ………… 44

重要用語のまとめ ………… 46

1

（1章）いろいろな生物とその共通点

# 身近な生物の観察

さくっと マルつけ

F-01

## 基本をチェック

10分

### 1 顕微鏡，ルーペの使い方

■双眼実体顕微鏡（そうがんじったいけんびきょう）

> プレパラートをつくる必要がなく，観察物をそのまま20〜40倍程度で ❶＿＿＿＿＿＿ に観察できる。

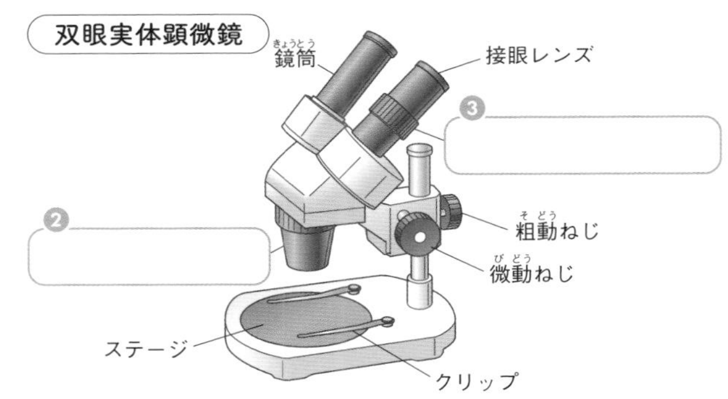


■ルーペの使い方

> ルーペは，観察物を拡大して観察することができる。

> 観察物が動かせるとき，❹＿＿＿＿＿＿ を目に近づけて持ち，❺＿＿＿＿＿＿ を前後に動かしてピントを合わせる。

> 観察物が動かせないとき，ルーペを目に近づけて持ち，❻＿＿＿＿＿＿ を前後に動かしてピントを合わせる。

観察物が動かせるとき

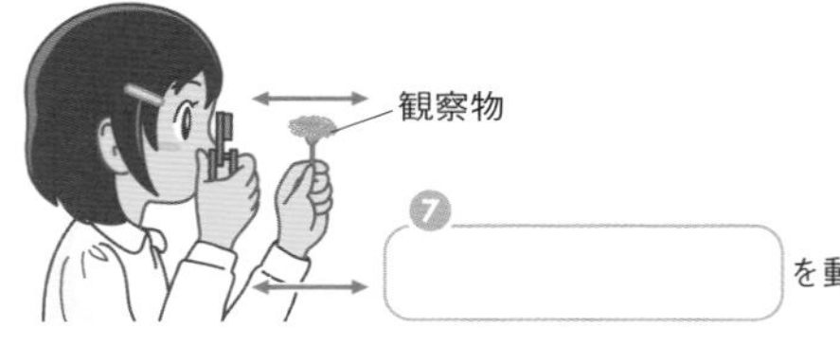


観察物が動かせないとき

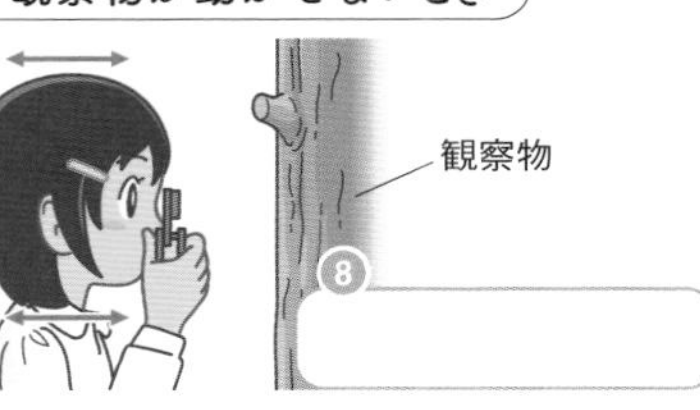


■身近な生物の観察…場所によって，見つかる生物にちがいがある。

> 日当たりが❾＿＿＿＿＿＿ ところ　例 タンポポ，カタバミ

> 日当たりが❿＿＿＿＿＿＿ く，しめったところ　例 ゼニゴケ，ドクダミ

> 池や湖，水槽（すいそう）などの水の中では，小さな生物が生活している。

水の中の生物の例

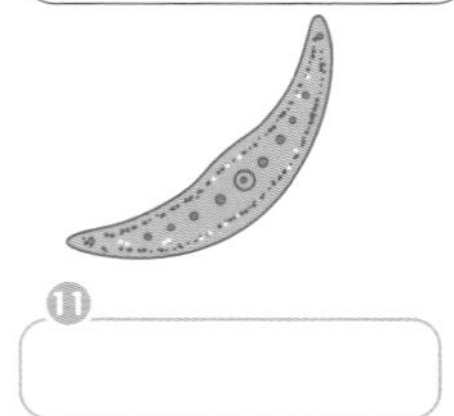

⓫

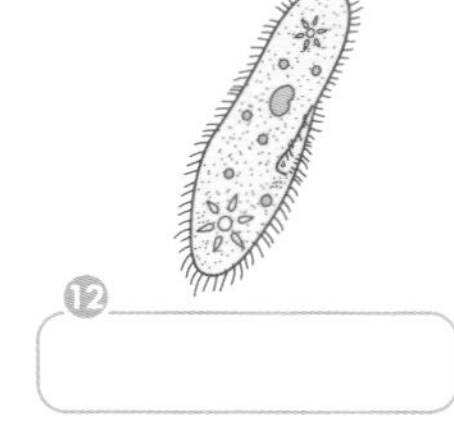

⓬

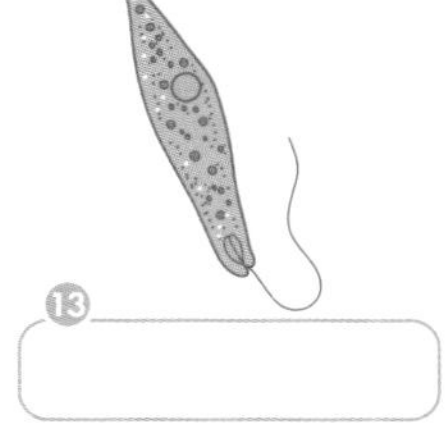

⓭

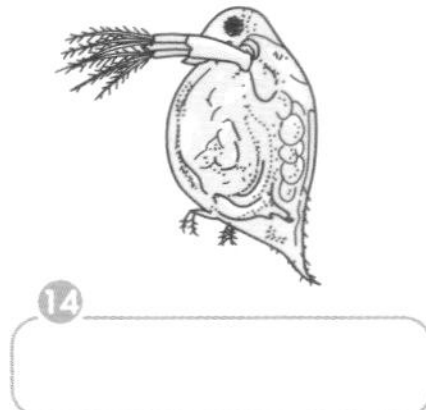

⓮

上の生物の中では，実際の大きさはミジンコがいちばん大きい。

10点アップ！ 10分

## 1 顕微鏡の使い方

右の図の顕微鏡（けんびきょう）について，次の問いに答えなさい。

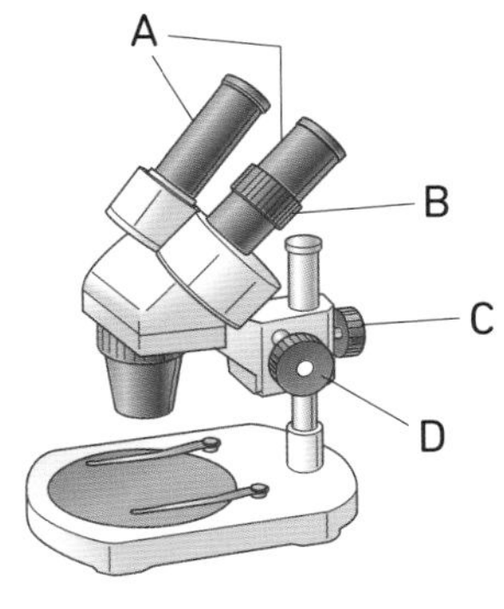


❶観察物はどのように見えるか答えなさい。
（　　　　　　）に見える。

❷Aの幅（はば）は，自分の何の幅と合うように調節するか答えなさい。（　　　　　　）

❸Bの名前を答えなさい。また，Bは右目と左目のどちらでのぞきながら調節するか答えなさい。　名前（　　　　　　）目（　　　　　　）

❹C，Dのねじの名前をそれぞれ答えなさい。
C（　　　　　　）D（　　　　　　）

## 2 ルーペの使い方・スケッチのしかた

次の問いに答えなさい。

点UP ❶手に持った花をルーペで観察するときの方法として正しいものを，次のア～ウから１つ選び，記号で答えなさい。（　　　）

ア

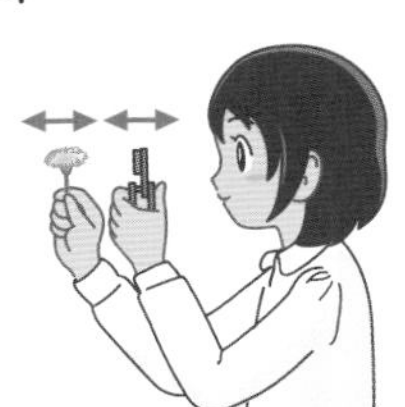

花を動かす。

イ

花とルーペを動かす。

ウ

顔を動かす。

❷スケッチのしかたとして正しいものを，次のア～エからすべて選び，記号で答えなさい。（　　　　）

ア　細い線と点でかく。　　イ　色や影（かげ）をつける。

ウ　日時や気づいたことをメモする。　　エ　まわりの風景をかく。

## 3 身近な生物

校庭で日当たりのよい乾（かわ）いているところでよく見つかる生物を，次のア～エからすべて選び，記号で答えなさい。（　　　　）

ア　カタバミ　　イ　ドクダミ　　ウ　ミドリムシ　　エ　タンポポ

ヒント

**1**
双眼実体顕微鏡（そうがんじったいけんびきょう）は，観察物をプレパラートをつくらずに20～40倍程度で観察できる。

**2** ❶
観察物が動かせるときは，観察物を動かしてピントを合わせる。

❷
スケッチするときは，目的のものだけをかく。

**3**
生物の種類によって生活する場所はちがう。

2

1章 いろいろな生物とその共通点

# 花のつくりとはたらき

解答 別冊 p.02

さくっとマルつけ

F-02

## 基本をチェック

10分

## 1 花のつくりとはたらき

### ■花のつくりとはたらき

> 多くの花は，外側からがく，花弁，❶＿＿＿＿，❷＿＿＿＿の順についている。

> 花弁が1枚1枚離れている花を❸＿＿＿＿，くっついている花を❹＿＿＿＿という。

> めしべのもとのふくらんだ部分を❺＿＿＿＿といい，中には❻＿＿＿＿という粒がある。

> めしべの先の柱頭に花粉がつくことを❿＿＿＿＿といい，❿が起こると，子房は成長して⓫＿＿＿＿，胚珠は成長して⓬＿＿＿＿となる。

アブラナの花のつくり

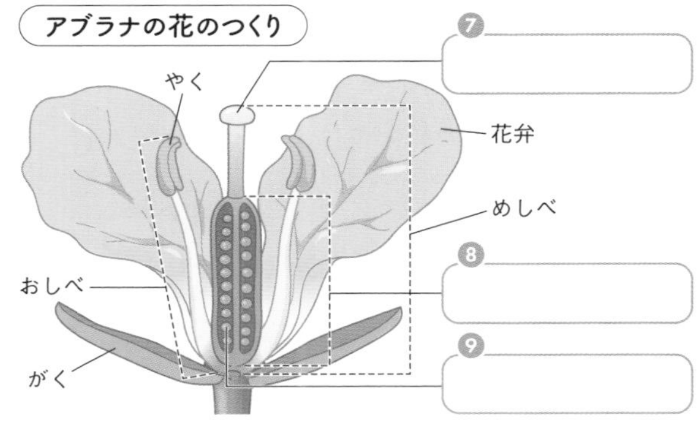


## 2 マツの花のつくり，種子植物

### ■マツの雄花，雌花と受粉

> ⓭＿＿＿＿のりん片には子房がなく，胚珠がむき出しになっている。

> 雄花のりん片には花粉のうがあり，中に花粉が入っている。

> 受粉が起こると，胚珠は種子になるが，子房がないので果実はできない。

マツのつくり

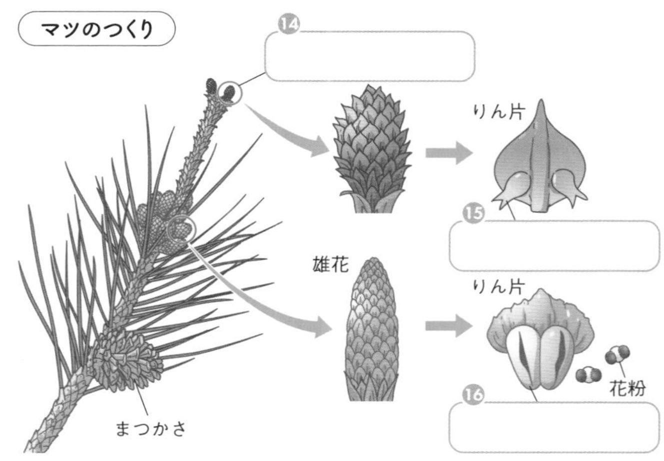


### ■種子植物

> 種子をつくる植物を⓱＿＿＿＿という。

> 胚珠が子房の中にある植物を⓲＿＿＿＿ 例 サクラ，エンドウ，アブラナ，胚珠がむき出しの植物を⓳＿＿＿＿ 例 マツ，スギ，イチョウ，ソテツ という。

10点アップ！ 10分

## 1 花のつくり

ツツジの花を観察するために，分解してつくりごとに台紙にはりつけた。あとの問いに答えなさい。

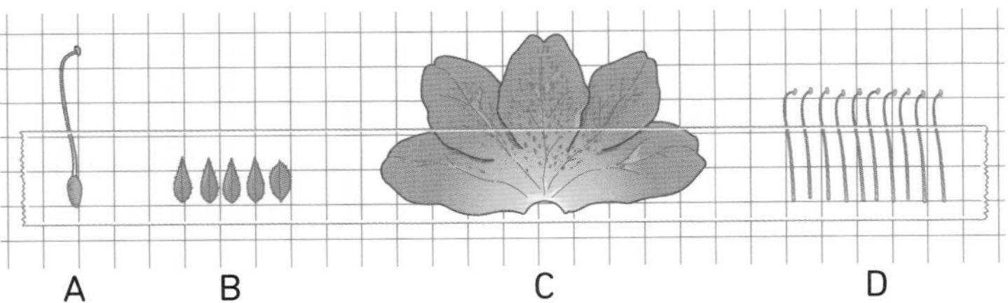


❶ A，Cのつくりをそれぞれ何というか答えなさい。

A（　　　　　）C（　　　　　）

❷ A～Dのうち，花のいちばん内側にあるつくりはどれか。記号で答えなさい。

（　　　　　）

❸ Aのもとのふくらんだ部分を切ると，中には小さな粒(つぶ)が入っていた。この粒を何というか答えなさい。（　　　　　）

❹ Dの数はどの花も同じか，種類によって異なるか答えなさい。

（　　　　　）

点UP

## 2 マツの花のつくり

右の図は，マツの花のつくりを表したものである。次の問いに答えなさい。

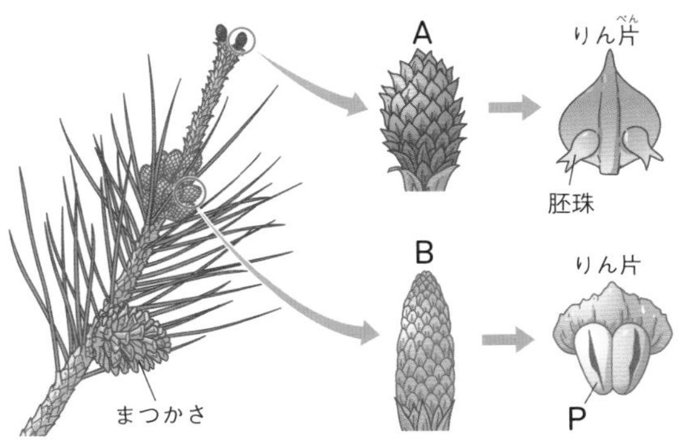


❶ 雌花(めばな)はAとBのどちらか答えなさい。

（　　　　　）

❷ Pには何が入っているか答えなさい。

（　　　　　）

❸ ❷が胚珠(はいしゅ)につくと，胚珠は成長して何になるか答えなさい。

（　　　　　）

❹ マツのように，胚珠がむき出しになっている植物を何というか答えなさい。

（　　　　　）

❺ マツと同じ❹のなかまを，次のア～エからすべて選び，記号で答えなさい。

（　　　　　）

**ア**　サクラ　　**イ**　スギ　　**ウ**　アブラナ　　**エ**　イチョウ

ヒント

1 ❶❷

ツツジの花は，外側から順に，がく，花弁(かべん)，おしべ，めしべがついている。

2 ❶❷

雌花のりん片にはむき出しの胚珠があり，雄花(おばな)のりん片には花粉のうがある。

❹

胚珠が子房(しぼう)の中にある植物を被子植物(ひしょくぶつ)という。

1章 いろいろな生物とその共通点

# 3 葉・根のつくり

別冊 p.03

さくっとマルつけ

F-03

## 基本をチェック

10分

## 1 葉のつくり

### 葉の表面のようす

- 葉の表面に見られるすじのようなつくりを❶＿＿＿＿＿＿という。
- ツバキやホウセンカのように，**網目状**になっている**葉脈**を❷＿＿＿＿＿＿，ツユクサやトウモロコシのように，**平行**になっている葉脈を❸＿＿＿＿＿＿という。
- 葉脈が**網状脈**である植物は，発芽のときに出てくる**子葉**が２枚の❻＿＿＿＿＿＿，**平行脈**である植物は**子葉**が１枚の❼＿＿＿＿＿＿のなかまである。

葉の表面のようす

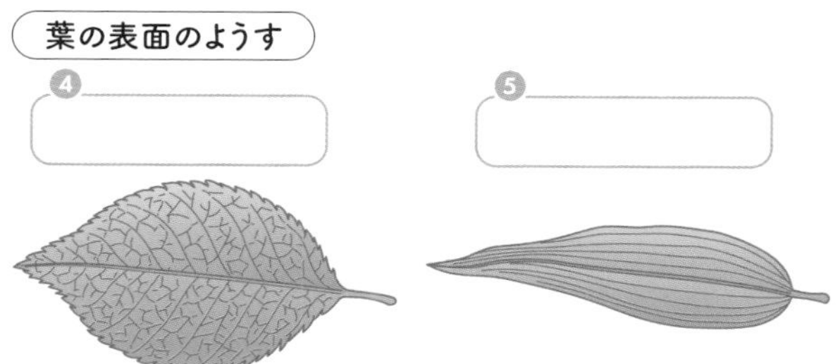


子葉のようすのちがい

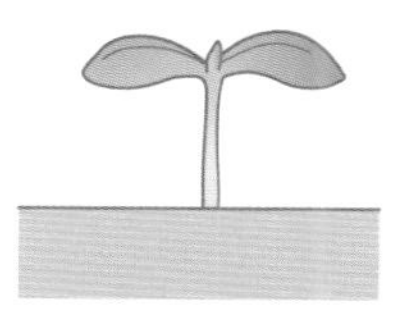

２枚

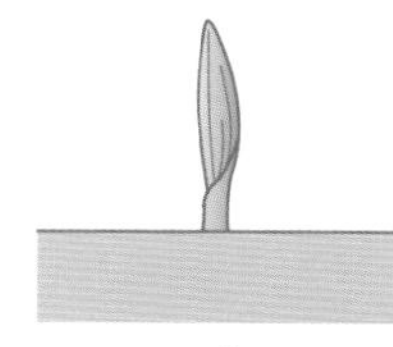

１枚

## 2 根のつくりとはたらき

### 根のつくりとはたらき

- タンポポの根のように，中心の太い根を❽＿＿＿＿＿＿，そこから出る細い根を❾＿＿＿＿＿＿という。
  トウモロコシの根のように，たくさんの細い根を❿＿＿＿＿＿＿という。
- 植物によって根のつくりは異なり，**双子葉類**の根は**主根**と**側根**からなり，**単子葉類**の根は**ひげ根**である。
- 根の先端近くにある細い毛のような部分を⓮＿＿＿＿＿＿という。
- 根は，植物のからだを支え，⓯＿＿＿＿＿＿や水にとけた養分を吸収し，それらは茎を通して全身に運ばれる。

根のようす

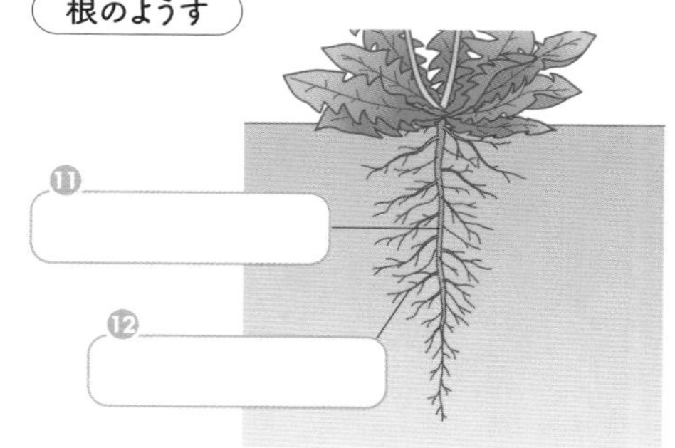


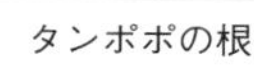

タンポポの根

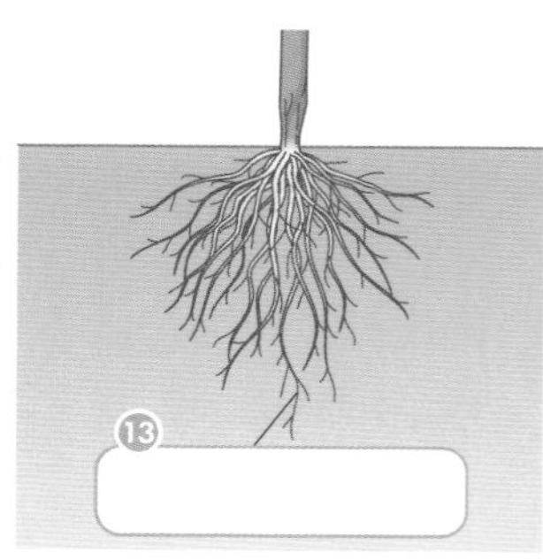


トウモロコシの根

10点アップ！ 10分

## 1 葉のつくり

右の図は，２種類の植物の葉の表面のようすを表している。次の問いに答えなさい。

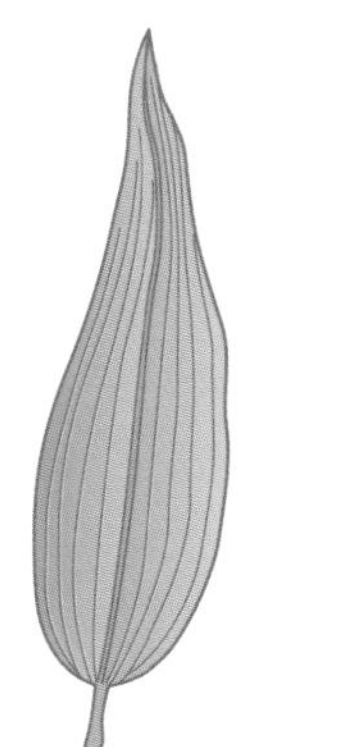

❶ 葉の表面に見られるすじのようなつくりを何というか答えなさい。

(　　　　　)

❷ 次の植物の葉の表面は，それぞれAとBのどちらのようになっているか。記号で答えなさい。

ツユクサ(　　　)　ホウセンカ(　　　)
トウモロコシ(　　　)　ツバキ(　　　)

❸ A，Bのような葉をもつ植物が発芽するときの子葉(しよう)の枚数はそれぞれ何枚か答えなさい。

A(　　　　　)　B(　　　　　)

## 2 根のつくりとはたらき

右の図は，タンポポの根とトウモロコシの根を模式的(もしきてき)に表したものである。次の問いに答えなさい。

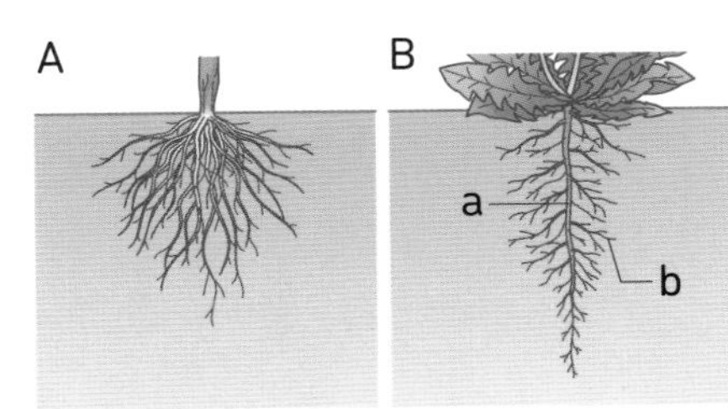


❶ Aのような根を何というか答えなさい。(　　　　　)

❷ Bのa，bのような根をそれぞれ何というか答えなさい。

a(　　　　　)
b(　　　　　)

❸ タンポポの根を表しているのは，AとBのどちらか答えなさい。

(　　　)

点UP ❹ 根には，水や水にとけた養分を吸収するほかに，どのようなはたらきがあるか答えなさい。

(　　　　　　　　　　)

ヒント

**1**
Aの葉のすじは平行脈(へいこうみゃく)，Bの葉のすじは網状脈(もうじょうみゃく)である。

❷
ツユクサとトウモロコシの葉のすじのようすは同じ。

**2**
Aの植物は単子葉類(たんしようるい)，Bの植物は双子葉類(そうしようるい)である。

❸
タンポポの根は，ホウセンカやツバキの根と同じつくり。

1章 いろいろな生物とその共通点

# 4 植物の分類

解答 別冊p.03

さくっとマルつけ F-04

## 基本をチェック 10分

## 1 種子植物の分類

■**種子植物の分類**…種子植物は，胚珠が子房の中にある❶＿＿＿＿と，子房がなく胚珠がむき出しになっている❷＿＿＿＿に分類される。

■**被子植物の分類**…被子植物は，双子葉類と単子葉類に分類される。

＞**双子葉類**：子葉は❸＿＿＿＿枚で，葉脈は❹＿＿＿＿脈。根は❺＿＿＿＿と側根からなる。 例 アブラナ，ツツジ，エンドウ

＞**単子葉類**：子葉は❻＿＿＿＿枚で，葉脈は❼＿＿＿＿脈。根は❽＿＿＿＿からなる。 例 ツユクサ，ユリ，トウモロコシ，イネ

## 2 種子をつくらない植物

■**シダ植物**

＞種子ではなく胞子のうでつくられる❾＿＿＿＿でふえる。

＞葉・茎・根の区別がある。

■**コケ植物**

＞種子ではなく⑫＿＿＿＿でふえる。

＞ゼニゴケなどには，**雄株**と**雌株**がある。

＞根のように見える⑬＿＿＿＿でからだを地面に固定している。

＞葉・茎・根の区別がない。

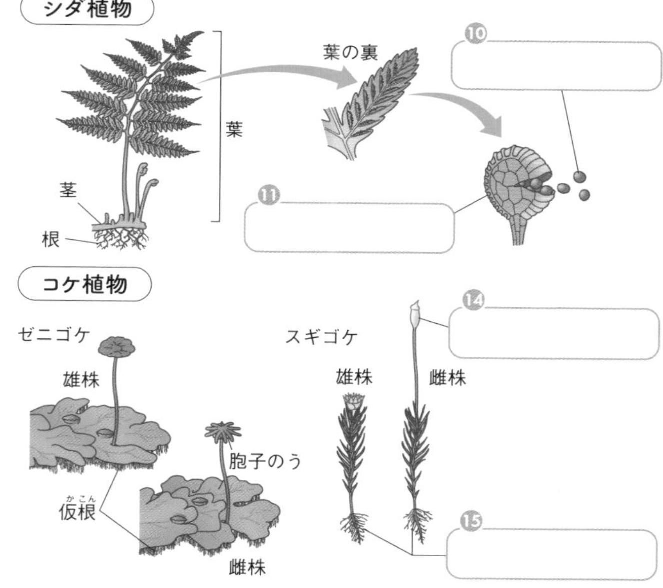


## 3 植物の分類

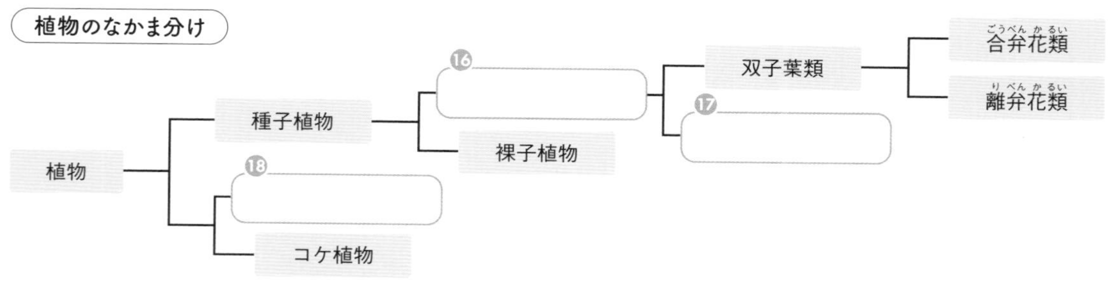

10点アップ！ 10分

## 1 被子植物のなかま分け

次の図は，２種類の植物の葉，根のようすを模式的に表したものである。あとの問いに答えなさい。

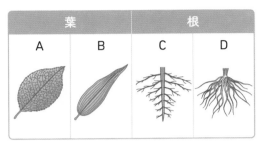

| 葉 | | 根 | |
|---|---|---|---|
| A | B | C | D |

❶ アブラナの葉，根のようすに近いものを，図のA～Dからそれぞれ１つずつ選び，記号で答えなさい。 葉（　　） 根（　　）

❷ 被子植物のうち，アブラナのような葉，根をもつ植物のなかまを何というか答えなさい。（　　　）

❸ Aのような葉脈を何というか答えなさい。（　　　）

❹ Dのような根をもつ植物を，次のア～ウから１つ選び，記号で答えなさい。（　　）

**ア** サクラ　**イ** タンポポ　**ウ** トウモロコシ

## 2 種子をつくらない植物

**右の図は，イヌワラビとゼニゴケのからだのようすを表したものである。次の問いに答えなさい。**

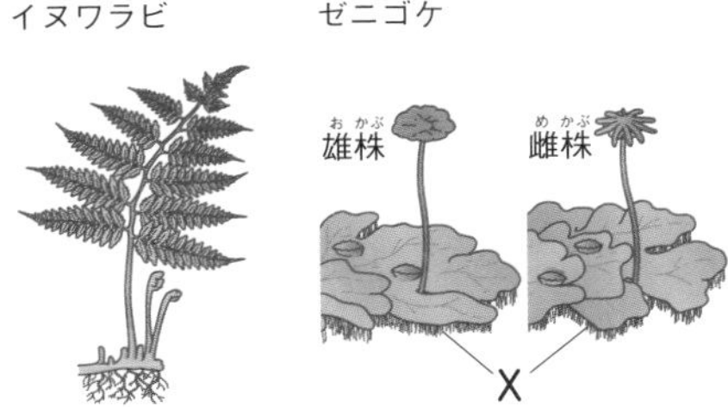


❶ イヌワラビ，ゼニゴケのような植物のなかまをそれぞれ何植物というか答えなさい。

**イヌワラビ**（　　　）
**ゼニゴケ**（　　　）

❷ イヌワラビとゼニゴケは，何をつくってなかまをふやすか答えなさい。（　　　）

点UP ❸ イヌワラビとゼニゴケのうち，葉・茎・根の区別があるのはどちらか答えなさい。（　　　）

❹ Xの部分を何というか答えなさい。（　　　）

ヒント

1 ❶❷ 被子植物は，子葉が１枚の植物と２枚の植物に分類される。アブラナは子葉が２枚の植物である。

2 イヌワラビは葉の裏に，ゼニゴケは雌株に胞子のうがある。

❹ Xはからだを地面に固定するためのもので，根ではない。

# 動物の分類

F-05

## 基本をチェック

### 1 セキツイ動物

■❶__________…背骨をもつ動物。次の５つのなかまに分けられる。

> メダカなどの❷__________類，カエルなどの❸__________類，トカゲなどの❹__________類，ハトなどの❺__________類，イヌなどの❻__________類。

> 卵を産んでなかまをふやすふやし方を❼__________という。❼の動物のなかまは魚類，❽__________，ハチュウ類，鳥類。

> 母親の子宮内である程度成長した子が生まれるふやし方を❾__________という。❾の動物のなかまは❿__________。

セキツイ動物の分類

| | 魚類 | 両生類 | ハチュウ類 | 鳥類 | ホニュウ類 |
|---|---|---|---|---|---|
| なかまのふやし方 | 卵生（らんせい）（卵にかたい殻（から）がない） | | 卵生（卵に殻がある） | | 胎生（たいせい） |
| 呼吸器官 | ⓫__________ | 子はえらと皮膚（ひふ）<br>親は肺と皮膚 | ⓬__________ | | |
| 体表のようす | うろこ | しめった皮膚 | うろこ | 羽毛 | 毛 |
| あてはまる動物 | コイ，サケ | イモリ，サンショウウオ | ヘビ，カメ | スズメ，ワシ | クジラ，ヒト |

### 2 無セキツイ動物

■⓭__________…背骨をもたない動物。

> バッタ，エビ，カニのように，からだがかたい殻である⓮__________におおわれ，からだやあしに節（ふし）がある動物を⓯__________という。

節足動物

⓰__________類：バッタ，カブトムシ

⓱__________類：カニ，ザリガニ

その他の節足動物：クモ，ムカデ

> イカやタコのように，内臓が筋肉でできた膜（まく）である⓲__________でおおわれている動物を⓳__________という。

## 1 セキツイ動物

次の図は，５種類のセキツイ動物を表したものである。あとの問いに答えなさい。

A 
ニワトリ

B
イモリ

C 
ウサギ

D 
メダカ

E 
ヘビ

❶ 母親の子宮内である程度育った子を産む動物を，図のA～Eから１つ選び，記号で答えなさい。また，そのようななかまのふやし方を何というか答えなさい。

記号（　　　）

名前（　　　）

❷ 一生えらで呼吸する動物を，図のA～Eから１つ選び，記号で答えなさい。また，そのような動物のなかまを何類というか答えなさい。

記号（　　　）

名前（　　　）

❸ 子のときと親のときで呼吸のしかたがちがう動物を，図のA～Eから１つ選び，記号で答えなさい。

（　　　）

## 2 からだやあしに節がある動物

次の図は，からだやあしに節がある動物を表したものである。あとの問いに答えなさい。

A
カニ

B 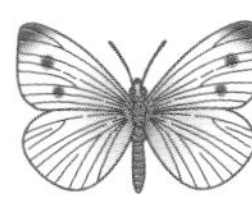
チョウ

C 
バッタ

D 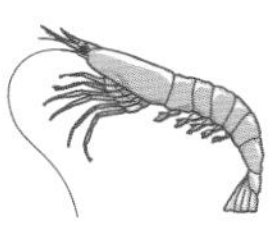
エビ

E
クモ

❶ 図の動物のように，からだやあしに節がある動物のなかまを何というか答えなさい。

（　　　）

点UP ❷ 図の動物は，からだがかたい殻におおわれている。この殻を何というか答えなさい。

（　　　）

❸ 甲殻類とよばれる動物を，図のA～Eからすべて選び，記号で答えなさい。

（　　　）

**ヒント**

**1 ❶**
それ以外は，親が卵を産み，卵から子がかえる。

**❸**
子のときはえらと皮膚で，親になると肺と皮膚で呼吸をする動物である。親の皮膚はしめっていて，うろこはない。

**2 ❸**
図の動物以外で甲殻類とよばれる動物として，アメリカザリガニがあげられる。

# いろいろな物質

別冊 p.05

F-06

## 基本をチェック　10分

## 1 物体と物質

＞物について，形や大きさに注目したときは

① ＿＿＿＿＿＿といい，材料に注目したときは

② ＿＿＿＿＿＿という。

**物体と物質のちがい**

ガラスのコップ

③［　　　　］

④［　　　　］

## 2 いろいろな物質

### 金属と非金属

＞⑤＿＿＿＿＿＿は，**金**，**銀**，**銅**，**鉄**などの物質で，次のような共通の性質がある。

**金属の性質**

1 みがくと光る。（金属光沢）

2 ⑥［　　　　］をよく通す。

3 ⑦［　　　　］をよく伝える。

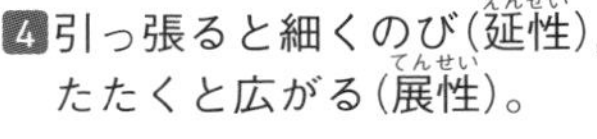

4 引っ張ると細くのび（延性），たたくと広がる（展性）。

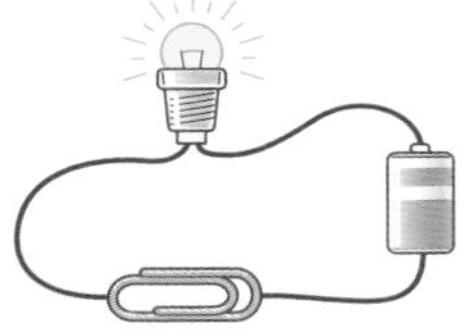

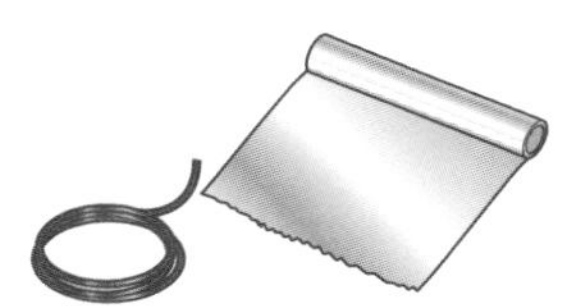

＞金属以外の物質を⑧＿＿＿＿＿＿という。

＞磁石につくことは⑨＿＿＿＿＿＿などの一部の物質の性質で，金属に共通の性質ではない。

### 有機物と無機物

＞炭素をふくむ物質を⑩＿＿＿＿＿＿といい，燃えるとその多くは⑪＿＿＿＿＿＿や水を発生する。　例 砂糖，デンプン，ろう，木，紙

＞有機物以外の物質を⑫＿＿＿＿＿＿という。　例 食塩，ガラス，金属

## 3 質量と密度

＞電子てんびんや上皿てんびんではかることができる，物質そのものの量を

⑬＿＿＿＿＿＿といい，単位はg（グラム）やkg（キログラム）。

＞物質1cm³あたりの質量を⑭＿＿＿＿＿＿という。　$\text{密度}〔g/cm^3〕=\dfrac{\text{物質の質量}〔g〕}{\text{物質の体積}〔cm^3〕}$

＞単位はg/cm³（グラム毎立方センチメートル）。

＞密度は物質によって値が決まっている。

＞**液体の密度＜固体の密度**　のとき，固体は液体にしずむ。

**液体の密度＞固体の密度**　のとき，固体は液体に⑮＿＿＿＿＿＿。

10点アップ！ 10分

## 1 物質の見分け方

**砂糖，食塩，デンプンの性質を調べるため，実験を行った。あとの問いに答えなさい。**

〔実験〕

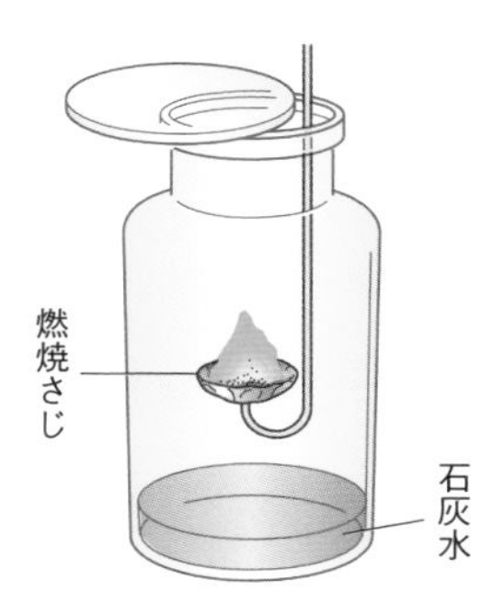


1 物質(ぶっしつ)を燃焼(ねんしょう)さじにのせて加熱し，燃えるかどうか調べる。

2 1で燃えた物質は，右の図のように，石灰水(せっかいすい)の入った集気びんに入れ，火が消えたらとり出す。

3 集気びんにふたをしてよく振(ふ)る。

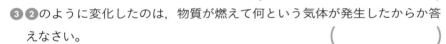

① 砂糖，食塩，デンプンのうち，1で燃えたものをすべて答えなさい。（　　　）

② 3で，石灰水はどのように変化したか答えなさい。（　　　）

③ ②のように変化したのは，物質が燃えて何という気体が発生したからか答えなさい。（　　　）

④ 燃えて③の気体を発生するのは，炭素をふくむ物質だからである。この物質を何というか答えなさい。（　　　）

## 2 有機物と無機物

**次のア～カの物質を有機物(ゆうきぶつ)と無機物(むきぶつ)に分けて，それぞれ記号で答えなさい。**

ア 銅　イ ろう　ウ 水　エ 食塩　オ エタノール　カ 木

有機物（　　　）

無機物（　　　）

## 3 密度

**体積が4.0cm$^3$で，質量(しつりょう)が10.8gの物質がある。この物質について，次の問いに答えなさい。**

① この物質の密度(みつど)は何g/cm$^3$か求めなさい。（　　　）

② この物質を水（1.00g/cm$^3$）の中に入れると，物質は水に浮(う)くか，しずむか答えなさい。（　　　）

③ この物質は何であると考えられるか。下の表から選びなさい。（　　　）

| 物質 | アルミニウム | 鉄 | 銅 |
|---|---|---|---|
| 密度〔g/cm$^3$〕 | 2.70 | 7.87 | 8.96 |

ヒント

1 ② 二酸化炭素を石灰水に通したときの変化である。

2 炭素をふくむ物質が有機物である。

3 ① 密度〔g/cm$^3$〕＝物質の質量〔g〕／物質の体積〔cm$^3$〕

③ 密度は物質の種類によって値が決まっている。

2章 身のまわりの物質

# 2 実験器具の使い方

解答

別冊 p.05

さくっとマルつけ

F-07

## 基本をチェック 10分

### 1 ガスバーナーの使い方

ガスバーナーのつくり

⑥＿＿＿＿
⑦＿＿＿＿
閉まる
開く
元栓
コック

> 火をつけるとき

1 ガス調節ねじと❶＿＿＿＿が閉まっているか確認する。

2 ❷＿＿＿＿を開く。**コック**があれば開く。

3 マッチに火をつけ，ガス調節ねじを開き点火する。

4 ❸＿＿＿＿を回し，炎(ほのお)を適度な大きさにする。

5 ガス調節ねじをおさえて❹＿＿＿＿だけを開き，**青い炎**にする。

> 火を消すとき

空気調節ねじ→❺＿＿＿＿の順に閉める→**コック**を閉め，**元栓(もとせん)**を閉める。

### 2 メスシリンダーの使い方

> 1 メスシリンダーを水平な台の上に置く。

2 液面の平らなところを❽＿＿＿＿から見て，最小目盛りの❾＿＿＿＿まで目分量で読みとる。

> 水を入れたメスシリンダーに物体(ぶったい)を入れ，ふえた目盛りの分が物体の❿＿＿＿＿となる。

目盛りの読み方

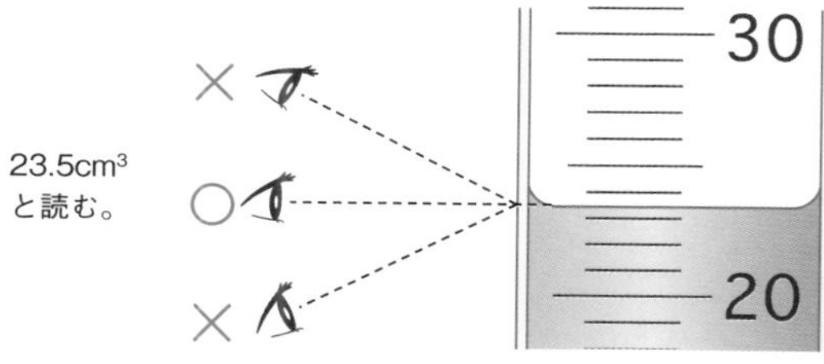


### 3 電子てんびんでの薬品の質量のはかり方

> 1 電子てんびんを水平な台の上に置き，電源を入れる。

2 **薬包紙(やくほうし)**をのせ，⓫＿＿＿＿点スイッチを押(お)し，0.00g と表示させる。

3 必要な量になるまで少しずつ静かにのせていく。

電子てんびんの使い方

10点アップ！ 10分

## 1 ガスバーナーの使い方

**次の問いに答えなさい。**

❶ 次のア～エは，ガスバーナーに火をつけるときの操作を示している。正しい操作の順になるように，記号を並べかえなさい。

（　　→　　→　　→　　）

**ア** マッチに火をつけ，ガス調節ねじを開いて点火する。
**イ** 元栓(もとせん)を開く。
**ウ** ガス調節ねじを回して，炎(ほのお)の大きさを10cmくらいにする。
**エ** ガス調節ねじと空気調節ねじが閉まっているか確認する。

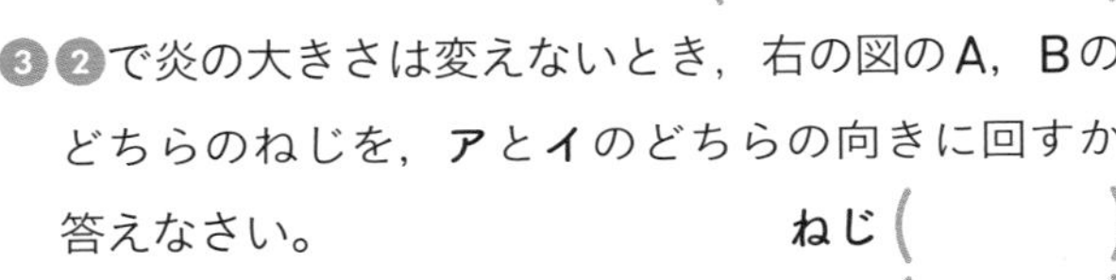

❷ ガスバーナーの炎が赤いとき，炎の色が何色になるように調節するか答えなさい。

（　　　　）

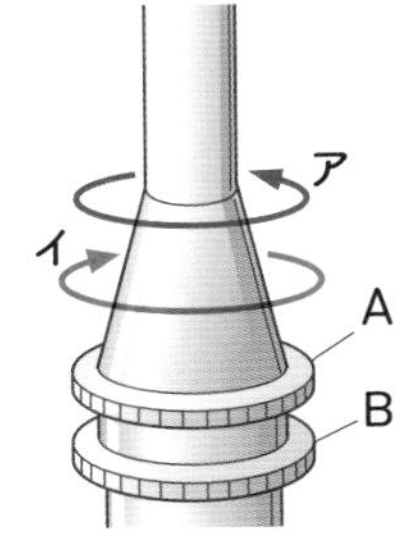


❸ ❷で炎の大きさは変えないとき，右の図のA，Bのどちらのねじを，アとイのどちらの向きに回すか答えなさい。

ねじ（　　　）
向き（　　　）

❹ ❸のとき，回したねじの名前を何というか答えなさい。

（　　　　）

## 2 メスシリンダーの使い方

**60.0cm$^3$の水が入ったメスシリンダーにある物体(ぶったい)を入れたところ，物体はしずんで，液面は右の図のようになった。次の問いに答えなさい。**

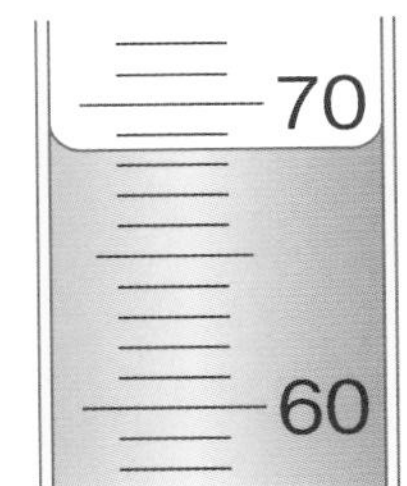


❶ 図の液面の目盛りを読みとりなさい。

（　　　　）

❷ 物体の体積は何cm$^3$か求めなさい。

（　　　　）

点UP ❸ メスシリンダーの水の中から物体をとり出し，体積が11.2cm$^3$の別の物体を入れた。このときメスシリンダーの液面の目盛りを読みとると何cm$^3$となるか求めなさい。ただし，とり出した物体についていた水の体積は考えないものとする。

（　　　　）

ヒント

**1** ❸
空気の量をふやすようにする。

**2** ❶
液面のいちばん平らなところを，最小目盛りの$\frac{1}{10}$まで目分量で読みとる。

❷
ふえた分の体積が物体の体積となる。

(2章) 身のまわりの物質

# 3 いろいろな気体

## 基本をチェック 10分

### 1 気体の集め方

> 水にとけにくい気体は水上置換法，水にとけやすく，空気より密度が小さい気体は ①＿＿＿＿＿＿，水にとけやすく，空気より密度が大きい気体は ②＿＿＿＿＿＿で集める。

気体の集め方

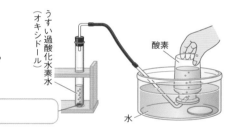

気体　気体　水　③＿＿＿＿＿＿

気体　空気　④＿＿＿＿＿＿

気体　空気　下方置換法

### 2 気体の発生方法と性質

#### 酸素

> 二酸化マンガンにうすい⑤＿＿＿＿＿＿（オキシドール）を加えると発生。

> 無色・無臭，水にとけにくく，密度は空気より少し大きい。

> ものを⑥＿＿＿＿＿＿はたらきがある。

酸素の発生方法

うすい過酸化水素水（オキシドール）　酸素　水　⑦＿＿＿＿＿＿

#### 二酸化炭素

> 石灰石にうすい⑧＿＿＿＿＿＿を加えると発生。

> 水に少しとけ，水溶液は⑨＿＿＿＿＿＿性。空気より密度が大きい。

> ⑩＿＿＿＿＿＿を白くにごらせる。

二酸化炭素の発生方法

うすい塩酸　二酸化炭素　水　二酸化炭素　⑪＿＿＿＿＿＿

#### 水素

> 亜鉛や鉄などの金属にうすい⑫＿＿＿＿＿＿（硫酸でもよい）を加えると発生。

> 無色・無臭，水にとけにくく，物質の中で密度の大きさがいちばん⑬＿＿＿＿＿＿。空気中で燃えると⑭＿＿＿＿＿＿ができる。

水素の発生方法

#### アンモニア

> ⑮＿＿＿＿＿＿と水酸化カルシウムを混ぜ合わせて加熱すると発生。

> 無色で特有の刺激臭があり，水に非常によくとけ，水溶液は⑯＿＿＿＿＿＿性。

> 空気より密度が小さい。

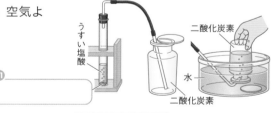

10点アップ！ 10分

## 1 気体の集め方

**右の図のA～Cは，気体を集める３つの方法を示している。これについて，次の問いに答えなさい。**

A　B　C

気体　気体　水　気体　空気　気体　空気

❶ A～Cの気体の集め方をそれぞれ何というか答えなさい。

A（　　　　）B（　　　　）C（　　　　）

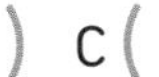

❷ 次の①，②の気体を集めるのに適した方法を，図のA～Cからそれぞれすべて選び，記号で答えなさい。

①二酸化炭素　（　　　　）

②アンモニア　（　　　　）

## 2 気体の性質①

**右の図のような装置で気体を発生させた。次の問いに答えなさい。**

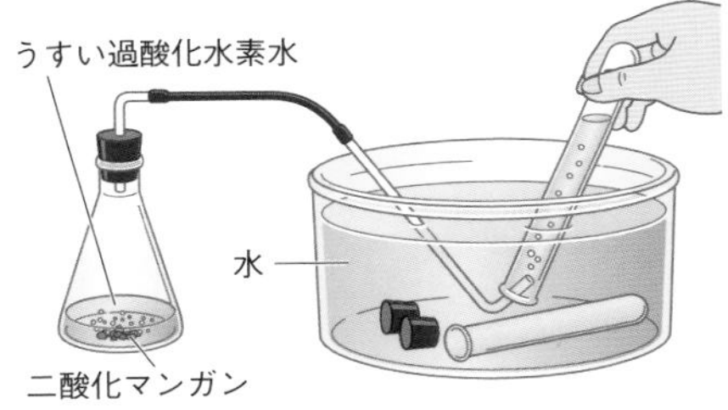


❶ はじめに試験管２本分の気体をすててから気体を集めた。そのようにした理由を答えなさい。

（　　　　）

❷ 気体を集めた試験管に火のついた線香（せんこう）を入れると，線香はどうなるか答えなさい。（　　　　）

❸ 発生した気体の名前を答えなさい。（　　　　）

## 3 気体の性質②

**右の図のような装置で，亜鉛（あえん）にうすい塩酸を加えて気体を発生させた。次の問いに答えなさい。**

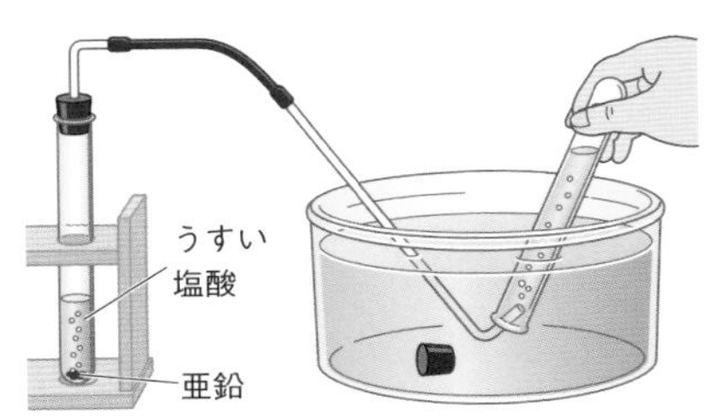


❶ 発生した気体の名前を答えなさい。

（　　　　）

点UP ❷ ❶の気体の性質として適当なものを，次の**ア～エ**から１つ選び，記号で答えなさい。（　　　　）

**ア**　特有の刺激臭（しげきしゅう）がある。　**イ**　空気中で燃えると水ができる。

**ウ**　石灰水（せっかいすい）を白くにごらせる。　**エ**　ものを燃やすはたらきがある。

1 ❷ ①

水に少しとけ，空気よりも密度（みつど）が大きい気体である。

②

水に非常にとけやすく，空気よりも密度が小さい気体である。

2 ❶

装置の中には空気が入っている。

❷

発生する気体には，ものを燃やすはたらきがある。

3 ❶

鉄にうすい塩酸を加えても同じ気体が発生する。

# 4 （2章）身のまわりの物質 水溶液の性質①

## 基本をチェック 10分

## 1 物質が水にとけるようす

### 物質が水にとけるようす

> 物質が水にとけてできた液は，色がついていることもあるが，❶＿＿＿＿＿＿＿である。

> 液の濃さはどの部分も同じになり，時間がたっても同じまま変わらない。

砂糖が水にとけるようすを表したモデル

水／砂糖の粒子

粒子が集まっている。→粒子がばらばらになる。→全体に均一に広がる。

### 水溶液

> 水などの液体にとけている**物質**を❷＿＿＿＿＿＿＿，❷をとかしている**液体**を❸＿＿＿＿＿＿＿という。

> 溶質が溶媒にとけた液を❹＿＿＿＿＿＿＿といい，溶媒が水の❹を❺＿＿＿＿＿＿＿という。

> **ろ紙**などを使って液体と固体を分ける方法を❻＿＿＿＿＿＿＿という。

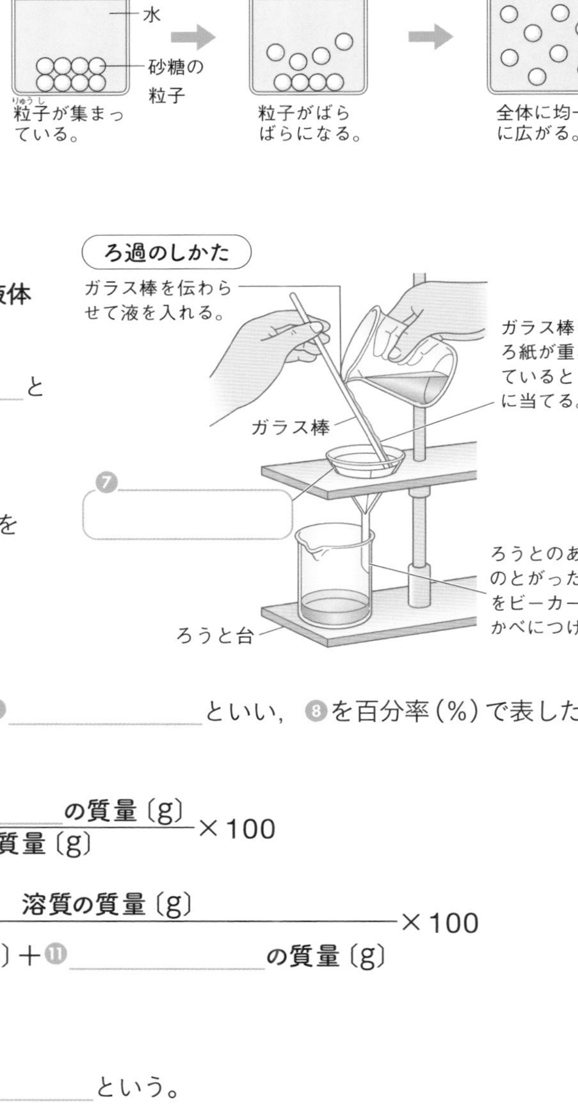


### 溶液の濃さ

> 溶液の質量に対する溶質の質量の割合を❽＿＿＿＿＿＿＿といい，❽を百分率（%）で表したものを❾＿＿＿＿＿＿＿という。

$$質量パーセント濃度〔\%〕=\frac{❿\_\_\_\_の質量〔g〕}{溶液の質量〔g〕}\times 100$$

$$=\frac{溶質の質量〔g〕}{溶質の質量〔g〕+⓫\_\_\_\_の質量〔g〕}\times 100$$

### 純粋な物質（純物質）と混合物

> **1種類の物質**でできている物を⓬＿＿＿＿＿＿＿という。

例 塩化ナトリウム，水，二酸化炭素

> いくつかの物質が**混じり合った物**を⓭＿＿＿＿＿＿＿という。

例 砂糖水，食塩水，空気

10点アップ！ 10分

## 1 水溶液

**砂糖を水にとかすと，砂糖はすべてとけた。次の問いに答えなさい。**

❶ 砂糖水の溶質(ようしつ)と溶媒(ようばい)はそれぞれ何か答えなさい。

溶質（　　　　）
溶媒（　　　　）

❷ 砂糖がすべてとけたときの砂糖の粒子(りゅうし)のようすを，右の**ア**〜**ウ**から1つ選び，記号で答えなさい。（　　　）

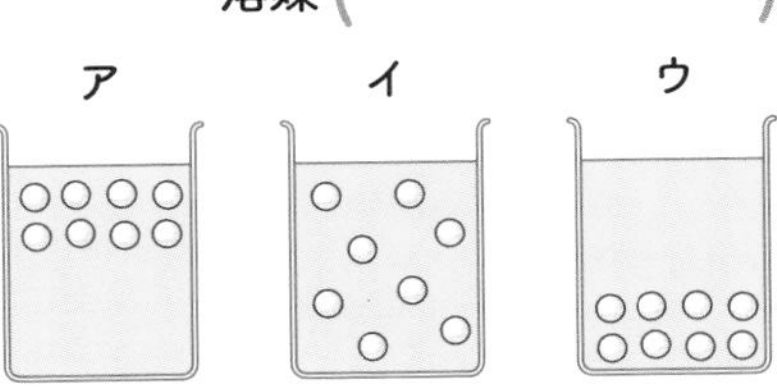


❸ 砂糖水は，純粋(じゅんすい)な物質(ぶっしつ)と混合物(こんごうぶつ)のどちらか答えなさい。（　　　　）

❹ ろ過のしかたとして正しいものを，次の**ア**〜**エ**から1つ選び，記号で答えなさい。（　　　）

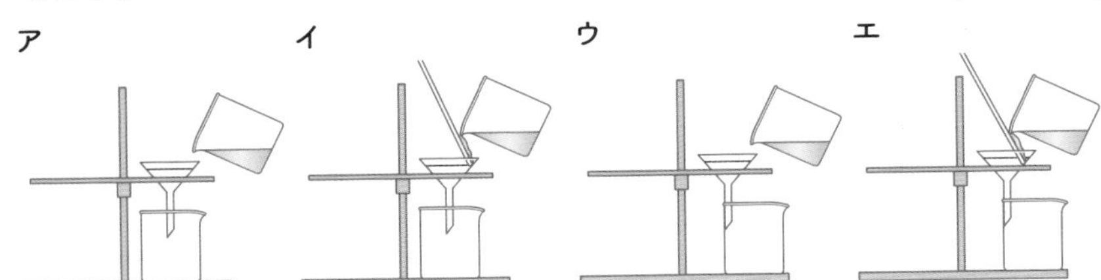


ヒント

1 ❸ 砂糖水は砂糖と水でできている。

❹ ろ過するときは，液体が飛び散らないように注意する。

2章 身のまわりの物質

## 2 質量パーセント濃度

**次の問いに答えなさい。**

❶ 水270gに砂糖90gをとかした砂糖水の質量(しつりょう)パーセント濃度(のうど)は何%か求めなさい。（　　　　）

❷ 質量パーセント濃度が12%の食塩水400gにとけている食塩の質量は何gか求めなさい。（　　　　）

点UP ❸ 質量パーセント濃度がいちばん大きいものといちばん小さいものを，次の**ア**〜**エ**からそれぞれ1つずつ選び，記号で答えなさい。

大きいもの（　　　）　小さいもの（　　　）

**ア**　食塩20gを水300gにとかした食塩水
**イ**　砂糖50gを水500gにとかした砂糖水
**ウ**　食塩18gを水342gにとかした食塩水
**エ**　砂糖8gがとけている100gの砂糖水

2 質量パーセント濃度は下の式で求めることができる。

質量パーセント濃度〔%〕

$$= \frac{\text{溶質の質量〔g〕}}{\text{溶液(ようえき)の質量〔g〕}} \times 100$$

# 5 2章 身のまわりの物質
# 水溶液の性質②

解答 別冊p.07　さくっとマルつけ

## 基本をチェック　10分

## 1 溶解度

■物質がそれ以上とけることができない水溶液を

❶ ＿＿＿＿＿＿という。

> ❷ ＿＿＿＿＿＿…100gの水にそれ以上とけることができなくなったときの**溶質**の質量。物質によって決まっている。

> 温度と溶解度の関係をグラフに表したものを

❸ ＿＿＿＿＿＿という。

溶解度曲線

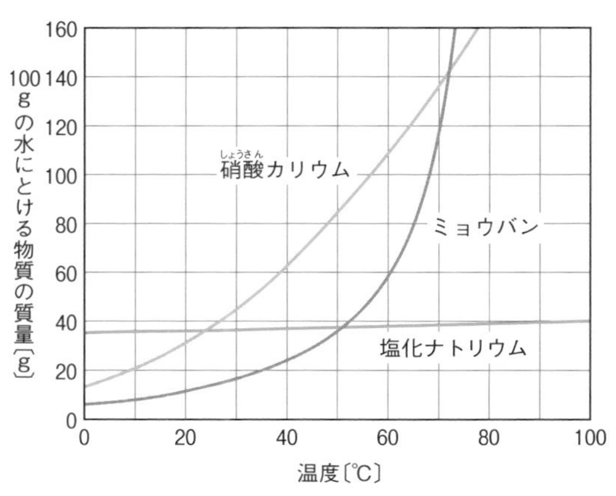


## 2 再結晶

■❹ ＿＿＿＿＿＿…**純粋な物質**で，いくつかの平面で囲まれた規則正しい形をした固体。

> 物質によって形は決まっている。

■❻ ＿＿＿＿＿＿…固体の物質をいったん水にとかし，再び結晶としてとり出すこと。

いろいろな物質の結晶

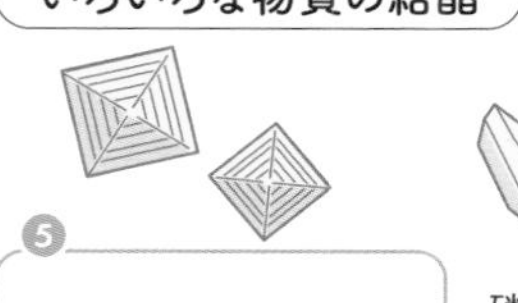

❺ ［　　　　］　硝酸カリウム　ミョウバン

> 温度による❼ ＿＿＿＿＿＿の差が大きい物質の結晶をとり出すときは，**水溶液の温度を下げる**とよい。 例 硝酸カリウム，ミョウバン

水溶液の温度を下げて出てくる結晶の質量

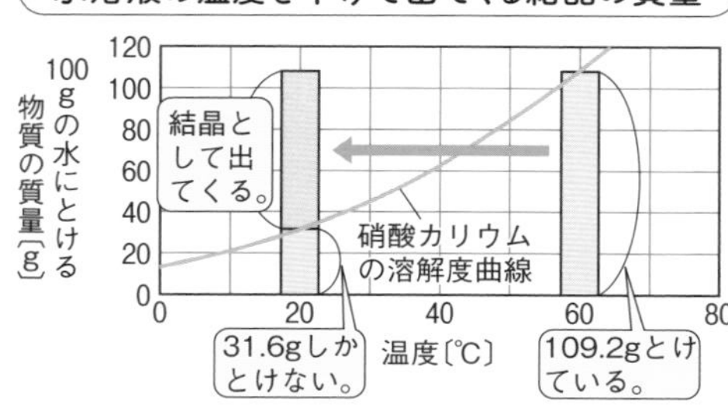


100gの水にとかした硝酸カリウムの飽和水溶液を60℃から20℃に下げると，出てくる結晶の質量は，

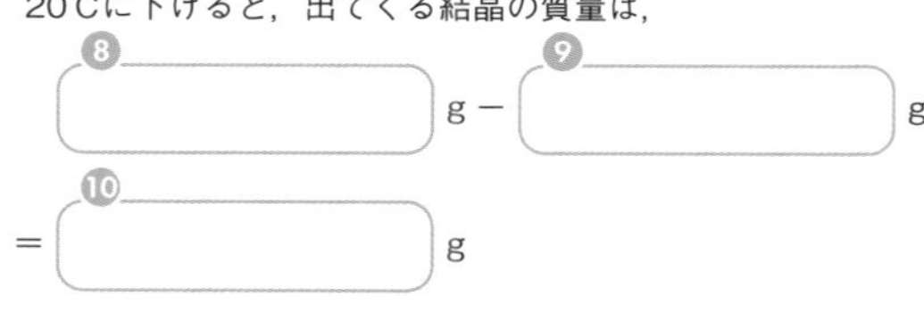

❽ ［　　　　］g － ❾ ［　　　　］g

＝ ❿ ［　　　　］g

> 温度による溶解度の差が小さい物質の結晶をとり出すときは，**加熱する**などの方法で水溶液の水を

⓫ ＿＿＿＿＿＿させるとよい。 例 塩化ナトリウム

10点アップ！

10分

# 1 溶解度と再結晶

右の図は，３種類の物質の溶解度と温度の関係を表したグラフである。これについて，次の問いに答えなさい。

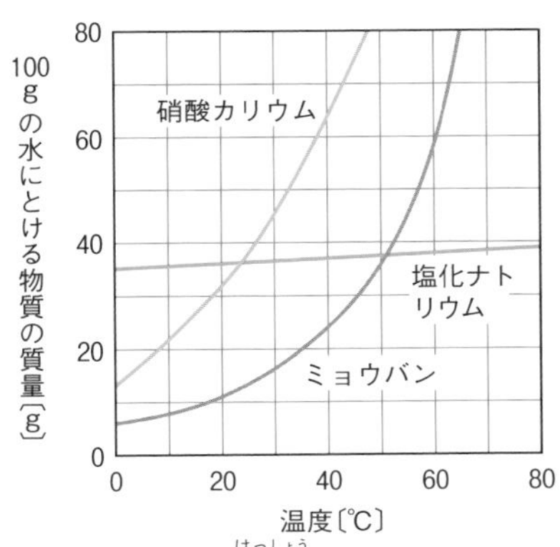


❶ これら３種類の物質のうち，20℃の水100gにとける質量が最も大きい物質はどれか答えなさい。

（　　　　　　）

❷ 50℃の水100gに硝酸カリウムを80gとかし，10℃まで温度を下げると，およそ何gの結晶をとり出すことができるか求めなさい。（　　　　　　）

❸ ミョウバンを60℃の水200gにとかし，飽和水溶液をつくった。このとき水にとけているミョウバンの質量として最も適当なものを，次の**ア**～**エ**から１つ選び，記号で答えなさい。（　　　）

**ア**　30g　**イ**　60g　**ウ**　120g　**エ**　180g

点UP ❹ 50℃の水100gに塩化ナトリウムをとけるだけとかし，20℃まで温度を下げると，結晶をほとんどとり出すことができなかった。この理由を，「溶解度」という語を用いて簡単に答えなさい。

（　　　　　　　　　　　　　　　　　　　　）

❺ ❹のとき，塩化ナトリウムの結晶をとり出すためにはどのような操作を行えばよいか答えなさい。

（　　　　　　　　　　　　　　　　　　　　）

# 2 結晶

右の図A，B，Cは，３種類の物質の結晶の形を模式的に表している。３種類の結晶はそれぞれ何という物質の結晶か。その組み合わせとして正しいものを，次の**ア**～**エ**から１つ選び，記号で答えなさい。（　　　）

A　B　C

**ア**　A 塩化ナトリウム　B ミョウバン　C 硝酸カリウム
**イ**　A ミョウバン　B 硝酸カリウム　C 塩化ナトリウム
**ウ**　A 硝酸カリウム　B ミョウバン　C 塩化ナトリウム
**エ**　A ミョウバン　B 塩化ナトリウム　C 硝酸カリウム

ヒント

1 ❷
とけきれなくなった分が結晶として出てくる。

❹❺
結晶をとり出すとき，温度による溶解度の差が大きい物質では水の温度を下げ，温度による溶解度の差が小さい物質では水を蒸発させるとよい。

2
硝酸カリウムの結晶は，針状の形である。

6 （2章）身のまわりの物質

# 状態変化

解答 別冊 p.08

さくっとマルつけ F-11

## 基本をチェック 10分

## 1 状態変化

■❶＿＿＿＿…温度によって物質の状態が固体⇄液体⇄気体と変化すること。

> 加熱したとき…
固体→❷＿＿＿＿→気体 と変化する。

> 冷却したとき…
❸＿＿＿＿→液体→固体 と変化する。

> 固体→液体→気体と変化するにつれて，物質の粒子の運動が激しくなり，体積の大きさは❻＿＿＿＿なる。

> 水は例外で，液体より❼＿＿＿＿の方が体積が大きい。

> 状態変化をしても，物質をつくる粒子の数は変わらないため，物質の❽＿＿＿＿は変化しない。

**状態変化のようす**

冷却
加熱
加熱 冷却
加熱 冷却

❹＿＿＿＿ 液体 ❺＿＿＿＿

■❾＿＿＿＿…液体が沸騰して気体に変化するときの温度。

■❿＿＿＿＿…固体がとけて液体に変化するときの温度。

**水を加熱したときの温度変化**

⓫＿＿＿＿
⓬＿＿＿＿

温度〔℃〕 100 0
水が沸騰し始める。 沸騰が終わる。
水がとけ始める。 とけ終わる。
温度が一定 温度が一定
固体 固体と液体 液体 液体と気体 気体
加熱時間〔分〕

## 2 混合物の分離

■⓭＿＿＿＿…液体を加熱して沸騰させ，出てくる気体を冷やして再び液体にしてとり出す方法。

> 液体どうしの混合物では，⓮＿＿＿＿のちがいによって，それぞれの物質に分離することができる。

> 水とエタノールの混合物を加熱すると，⓯＿＿＿＿の方が水より沸点が低いため，先に多く気体となる。

**水とエタノールの混合物の蒸留**

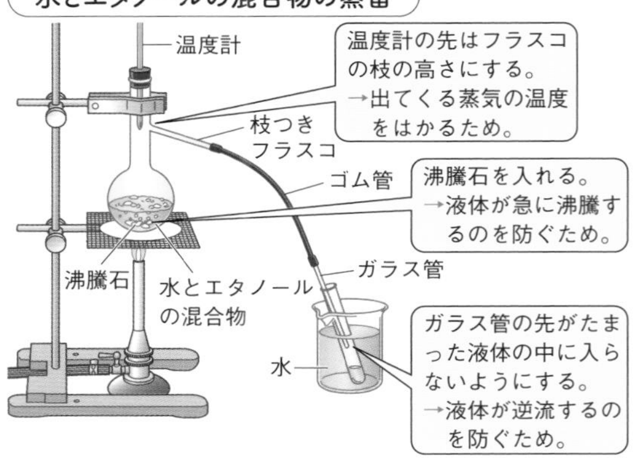

温度計
温度計の先はフラスコの枝の高さにする。
→出てくる蒸気の温度をはかるため。
枝つきフラスコ
ゴム管
沸騰石を入れる。
→液体が急に沸騰するのを防ぐため。
ガラス管
沸騰石
水とエタノールの混合物
水
ガラス管の先がたまった液体の中に入らないようにする。
→液体が逆流するのを防ぐため。

10点アップ！ 10分

## 1 状態変化

右の図は，状態変化を模式的に表している。次の問いに答えなさい。

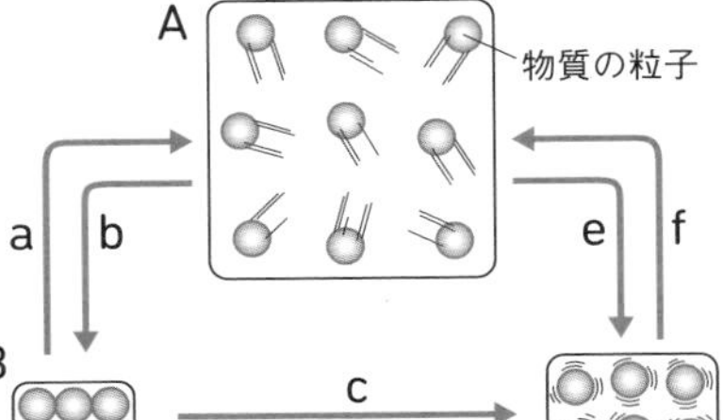


❶A，Bの状態を，それぞれ何というか答えなさい。

A（　　　　　　）
B（　　　　　　）

❷加熱したときの変化を表す矢印を，図のa～fからすべて選び，記号で答えなさい。（　　　　　　）

## 2 状態変化と温度

右の図は，氷を加熱したときの，時間と温度の関係を表したグラフである。次の問いに答えなさい。

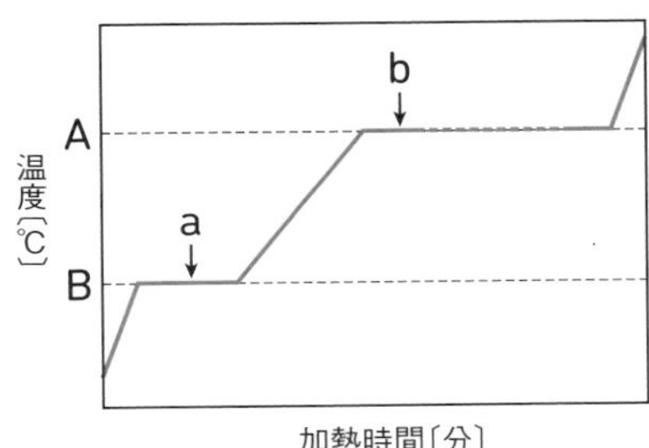


❶A，Bの温度を，それぞれ何というか答えなさい。

A（　　　　　　）
B（　　　　　　）

❷a，bのときの状態を，次のア～エからそれぞれ1つずつ選び，記号で答えなさい。　a（　　　）　b（　　　）

ア　液体　　イ　気体　　ウ　固体と液体　　エ　液体と気体

## 3 蒸留

右の図のように，水17cm³とエタノール3cm³の混合物を加熱し，3本の試験管A～Cの順に液体を2cm³ずつ集めた。次の問いに答えなさい。

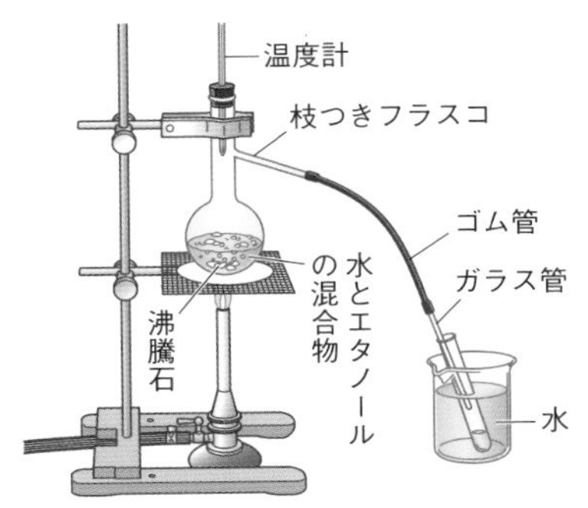


❶図で，フラスコに沸騰石を入れるのはなぜか答えなさい。

（　　　　　　　　　　　　）

点UP ❷エタノールが最も多くふくまれている液体が集まったのは，試験管A～Cのどれか，記号で答えなさい。（　　　）

❸蒸留で混合物から物質を分離することができるのは，物質によって何がちがうからか答えなさい。（　　　　　　）

**ヒント**

1 ❷ 加熱すると，粒子の運動は激しくなり，粒子どうしの間隔が広くなる。

2 ❷ 純粋な物質では，状態変化が起こっている間，温度が一定になる。

3 ❷ エタノールの沸点は78℃，水の沸点は100℃である。エタノールの方が水よりも先に沸騰し，気体になる。

1 （3章）身のまわりの現象

# 光の性質

## 基本をチェック 10分

## 1 光の進み方

### ■光の進み方

> 太陽のように，自ら光を出しているものを❶＿＿＿＿＿＿＿という。

> 光源から出た光がまっすぐに進むことを光の❷＿＿＿＿＿＿＿という。

## 2 光の反射

■光の❸＿＿＿＿＿＿＿…光が物体の表面ではね返ること。

> でこぼこした面で，光がさまざまな方向に反射することを❹＿＿＿＿＿＿＿という。

> 光が反射する面に垂直な線と入射光との間の角を❺＿＿＿＿＿＿＿，反射光との間の角を❻＿＿＿＿＿＿＿という。

> （光の）❼＿＿＿＿＿＿＿…入射角と反射角の大きさは等しいこと。

> 鏡にうつった物体を像という。

光の反射

光　鏡の面に垂直な線
❽［　　　　］　❾［　　　　］
入射光　反射光
鏡

## 3 光の屈折

■光の❿＿＿＿＿＿＿＿…光が異なる物質の境界面で折れ曲がること。

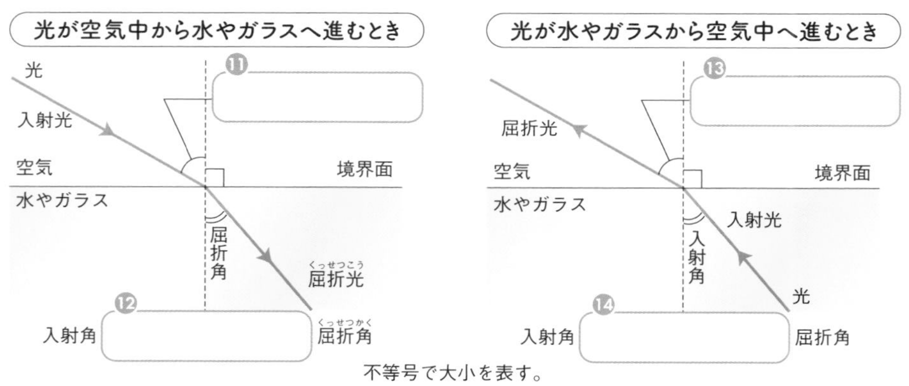


不等号で大小を表す。

■⓯＿＿＿＿＿＿＿…光が水やガラスから空気中に進むとき，入射角が一定以上大きくなると，光は屈折せずに，境界面ですべて反射すること。

## 1 光の反射

右の図は，光源装置から出た光が鏡で反射するようすを表したものである。次の問いに答えなさい。

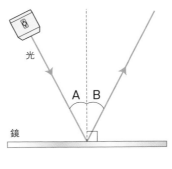

❶ A，Bの角をそれぞれ何というか答えなさい。

A（　　　　　　）
B（　　　　　　）

❷ AとBの角の大きさの関係はどうなっているか。次のア～ウから1つ選び，記号で答えなさい。（　　　）

ア　A＞B　　イ　A＜B　　ウ　A＝B

❸ AとBの角の大きさが❷のようになることを何の法則というか答えなさい。

（　　　　　　　　　　）

## 2 光の道すじ

右の図のように，光源装置から出る光を鏡に当てたとき，鏡で反射した後の光の道すじはどうなるか。図にかきなさい。

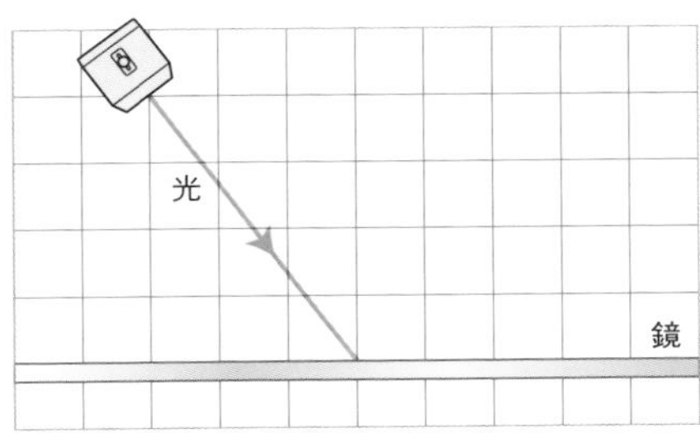


## 3 光の屈折

右の図のように，水中から水面に向けて光を当てた。次の問いに答えなさい。

点UP ❶ 空気中を進む光の道すじとして正しいものを，図のア～ウから1つ選び，記号で答えなさい。（　　　）

❷ aの角を大きくしていくと，光は空気中に出ていかずに，水面ですべて反射するようになった。この現象を何というか答えなさい。

（　　　　　　　）

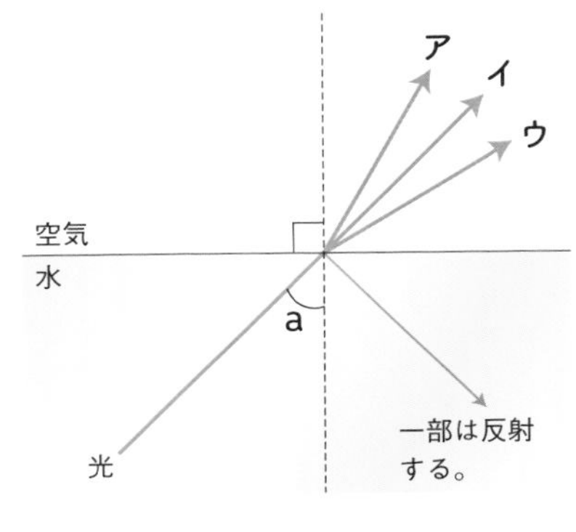


ヒント

1 ❶
反射する前の光を入射光，反射した後の光を反射光という。

2
光が反射するとき，入射角と反射角の大きさは常に等しくなる。

3 ❶
光は，異なる物質の境界面で折れ曲がる。

# 凸レンズのはたらき

解答 別冊 p.10 さくっとマルつけ

F-13

## 基本をチェック 10分

### 1 凸レンズの性質

■❶＿＿＿＿＿…光軸に平行な光が凸レンズを通ったときに集まる1点。凸レンズの中心から❶までの距離を❷＿＿＿＿＿という。

凸レンズの性質



■凸レンズを通る光の進み方

1 光軸に平行に入る光…反対側の❺＿＿＿＿＿を通る。

2 凸レンズの中心を通る光…そのまま直進。

3 焦点を通った光…光軸に❻＿＿＿＿＿に進む。

凸レンズを通る光の進み方



### 2 凸レンズによる像

■❼＿＿＿＿＿…凸レンズを通った光が1点に集まり，スクリーン上にできる像。

> もとの物体と上下左右が❽＿＿＿＿＿で，大きさは凸レンズと物体の距離によって変わる。

■❾＿＿＿＿＿…物体の反対側から凸レンズをのぞくと見える像。

> もとの物体と向きは同じで，大きさは実物より大きい。

凸レンズによってできる像 ※像のようすはスクリーンの後方から観察したもの。

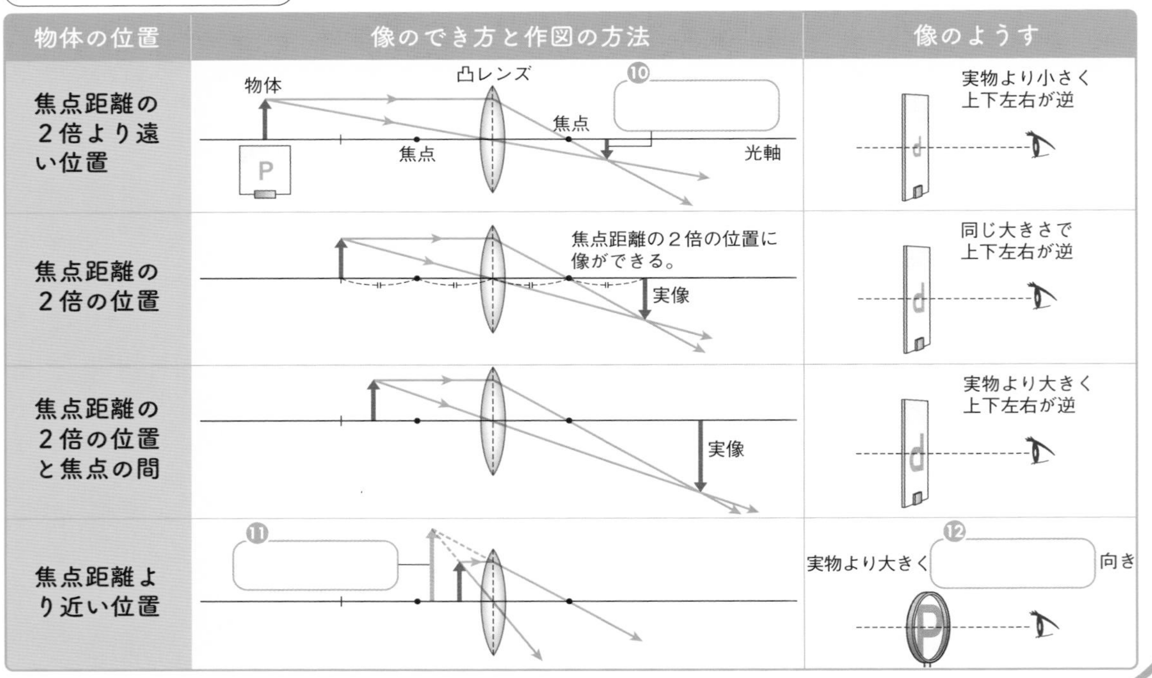

| 物体の位置 | 像のでき方と作図の方法 | 像のようす |
| --- | --- | --- |
| 焦点距離の2倍より遠い位置 | 物体　凸レンズ　⑩　焦点　焦点　光軸 | 実物より小さく上下左右が逆 |
| 焦点距離の2倍の位置 | 焦点距離の2倍の位置に像ができる。　実像 | 同じ大きさで上下左右が逆 |
| 焦点距離の2倍の位置と焦点の間 | 実像 | 実物より大きく上下左右が逆 |
| 焦点距離より近い位置 | ⑪ | 実物より大きく⑫＿＿＿向き |

10点アップ！ 10分

## 1 凸レンズの性質

次の①，②の光は，凸レンズを通った後，どのように進むか。それぞれ図のア～ウ，カ～クから１つずつ選び，記号で答えなさい。

①(　　　) ②(　　　)

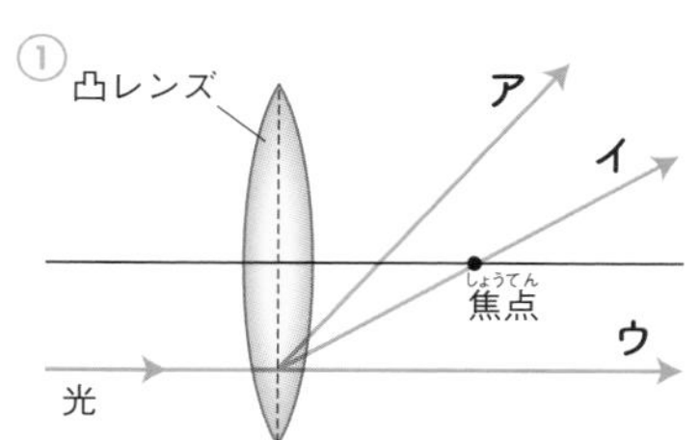


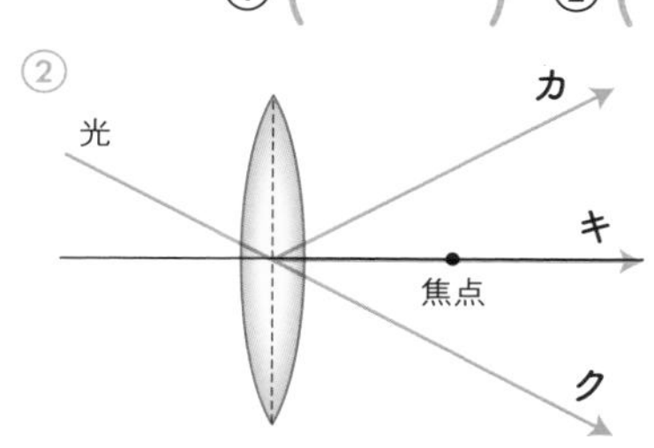

**1**
・光軸に平行に入る光→焦点を通る。
・凸レンズの中心を通る光→そのまま直進する。
・焦点を通った光→光軸に平行に進む。

## 2 凸レンズによる像

光学台を使って，凸レンズによってできる像を調べる実験を行った。次の図は，このときの装置を模式的に表したものである。あとの問いに答えなさい。

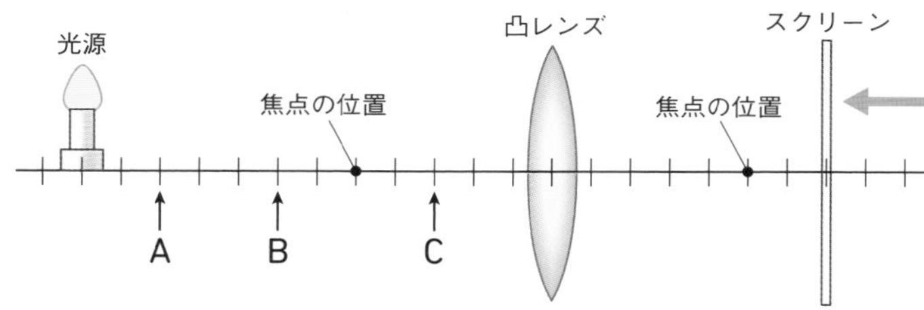


❶ 凸レンズによって，スクリーンにうつる像を何というか答えなさい。

(　　　)

UP ❷ 光源をA，Bの位置に変えてスクリーンを動かした。図の矢印の方向から見て，スクリーンにうつった像の向きと大きさは，実物と比べてそれぞれどうなるか。次のア～エから１つ選び，記号で答えなさい。

A(　　　) B(　　　)

ア　向きは同じで，実物より大きい。
イ　向きは同じで，実物と同じ大きさ。
ウ　向きは上下左右が逆で，実物より大きい。
エ　向きは上下左右が逆で，実物と同じ大きさ。

❸ 光源をCの位置に変えて，スクリーン側から凸レンズをのぞくと，実物より大きな像が同じ向きで見えた。この像を何というか答えなさい。

(　　　)

**2 ❷**
物体が焦点距離の２倍の位置にあるとき，スクリーンには実物と上下左右が逆向きで同じ大きさの像がうつる。

**❸**
スクリーン上に像はできない。

3章 身のまわりの現象

# 3 音の伝わり方

別冊 p.10

F-14

## 基本をチェック 10分

## 1 音の伝わり方

### 音と振動（しんどう）

- 音を出す物体（ぶったい）を❶＿＿＿＿, または発音体（はつおんたい）という。
- 音源（おんげん）は振動し, ❷＿＿＿＿が音の振動を伝える。
- 振動が周囲に次々と伝わる現象を❸＿＿＿＿という。
- 音は空気のような気体だけでなく, 水などの液体, 金属などの固体中も伝わるが, ❹＿＿＿＿のない真空中は伝わらない。

空気中での音の伝わり方

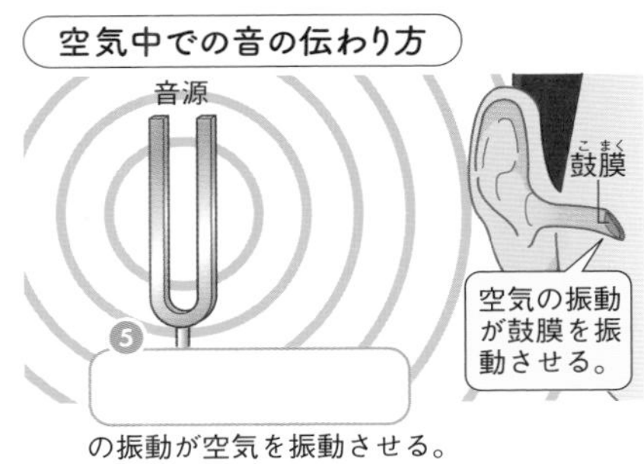


### 音の伝わる速さ

- 音の速さは, 空気中で約340m/s。
- 音の伝わる速さは光と比べてはるかに❻＿＿＿＿いため, 雷（かみなり）や打ち上げ花火の音は, 光が見えた後おくれて聞こえる。

## 2 音の大きさと高さ

### ❼＿＿＿＿…音源の振れ幅（ふれはば）の大きさ。

- 振幅（しんぷく）が大きいほど大きい音, 小さいほど小さい音が出る。

### ❽＿＿＿＿…音源が1秒間に振動する回数。

- 単位は❾＿＿＿＿（記号Hz）。
- 振動数（しんどうすう）が多いほど高い音, 少ないほど低い音が出る。

オシロスコープの表示と音

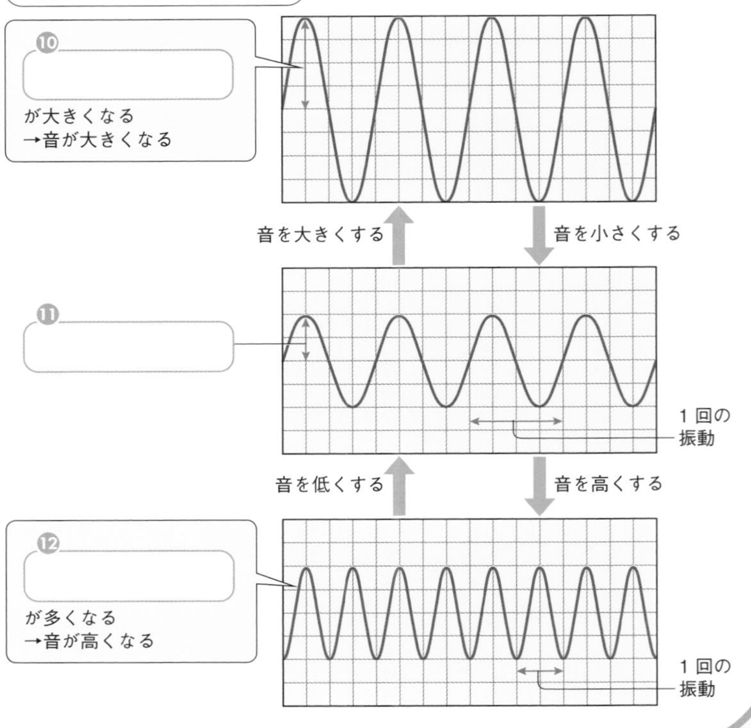

10点アップ！ 10分

## 1 音の伝わり方

右の図のように，同じ高さの音が出る音さA，Bを並べて音さAを鳴らすと，音さBも鳴りはじめた。次の問いに答えなさい。

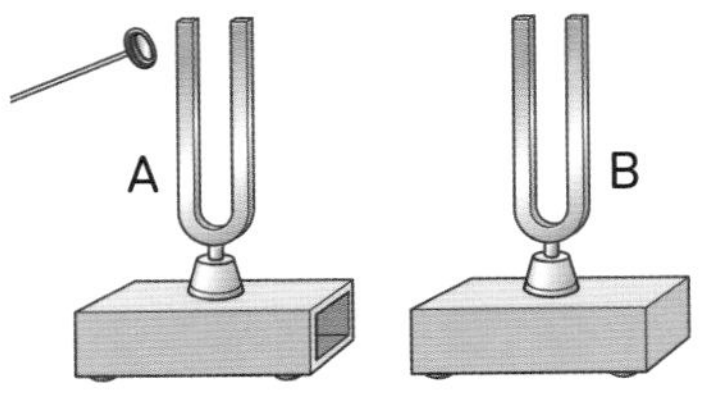


❶ 音さのように，音を出すものを何というか答えなさい。
（　　　　）

❷ 2つの音さの間に板を置いて，同じ大きさで音さAを鳴らすと，音さBはどうなるか。次の**ア**～**ウ**から1つ選び，記号で答えなさい。（　　）

**ア**　板を置かないときよりも大きな音が鳴る。
**イ**　板を置かないときと同じ大きさの音が鳴る。
**ウ**　音はほとんど鳴らない。

❸ 音が伝わるところを，次の**ア**～**エ**からすべて選び，記号で答えなさい。
（　　　　）

**ア**　空気中　　**イ**　水中
**ウ**　金属の中　**エ**　真空の容器の中

## 2 音の大きさと高さ

右の図は，弦（げん）をはじいて音を出している2つのモノコードのようすを表したものである。次の問いに答えなさい。

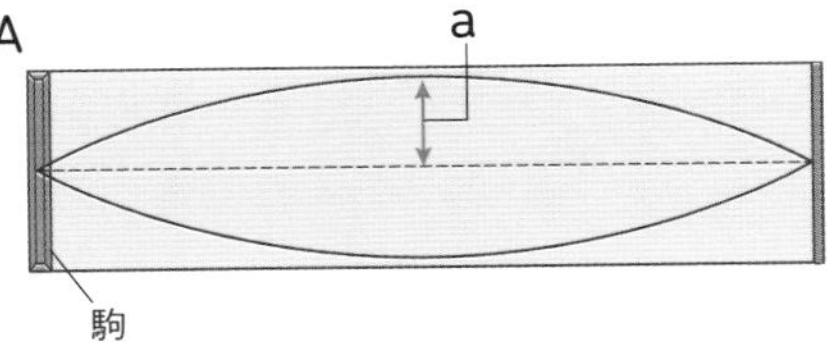


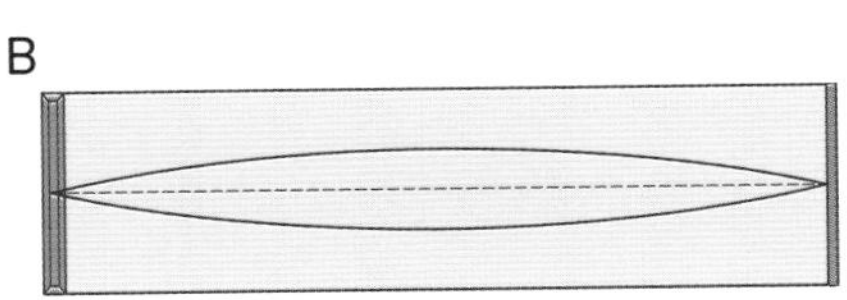


❶ 振動（しんどう）しているaの幅（はば）を何というか答えなさい。
（　　　　）

❷ 大きい音が出ているのは，AとBのどちらか答えなさい。
（　　）

点UP ❸ 弦の張り方を弱くすると，音の高さはどうなるか答えなさい。
（　　　　）

点UP ❹ 駒（こま）を動かして，はじく弦の長さを短くすると，音の高さはどうなるか答えなさい。
（　　　　）

ヒント

1 ❷
間に板があるので，音さAの振動は，音さBに伝わりにくくなる。

❸
アーティスティックスイミングでは，スピーカーを水中に入れて演技を行う。

2 ❹
はじく弦の長さを長くすると振動数（しんどうすう）が少なくなる。逆に，弦の長さを短くすると，振動数が多くなる。

# 4 3章 身のまわりの現象
# 力のはたらき

解答 別冊 p.11
さくっとマルつけ F-15

## 基本をチェック 10分

### 1 力のはたらきと種類

■1 物体の❶＿＿＿＿を変える。
2 物体の❷＿＿＿＿の状態を変える。
3 物体を支える。

力のはたらきの例

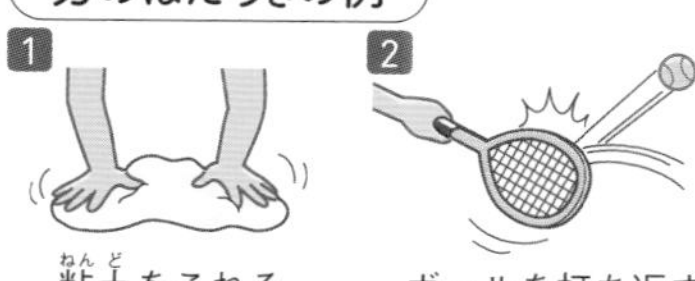


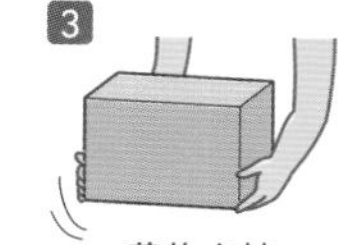


■いろいろな力
> 垂直抗力…面が物体に押されたとき，その力に逆らって面が物体を押し返す力。
> ❸＿＿＿＿…地球上の物体が，地球の中心に向かって引かれる力。
> 弾性力（弾性の力）…変形した物体が，もとにもどろうとして生じる力。
> ❹＿＿＿＿…ふれ合って動いている物体の間にはたらく，物体の動きをさまたげる力。
> 磁石の力（磁力）…磁石どうしが引き合ったり，しりぞけ合ったりする力。
> 電気の力（電気力）…電気がたまった物体に生じる力。

### 2 力の大きさ

■力の大きさとばねののび
> ❺＿＿＿＿（記号N）…力の大きさを表す単位。
> ❻＿＿＿＿…ばねののびは，ばねにはたらく力の大きさに比例するという関係。

力の大きさとばねののびの関係

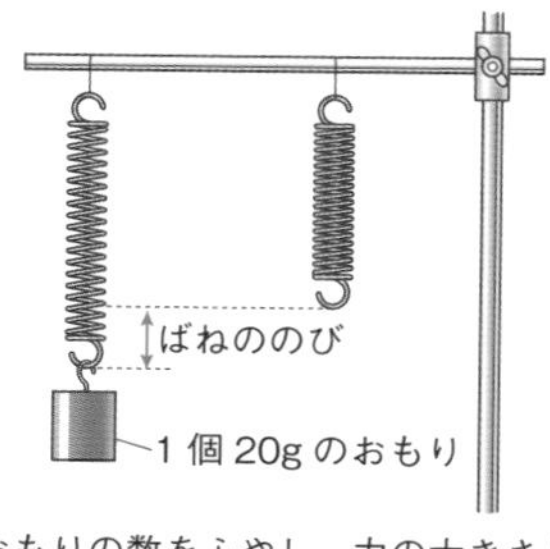


おもりの数をふやし，力の大きさとばねののびの関係をグラフに表す。

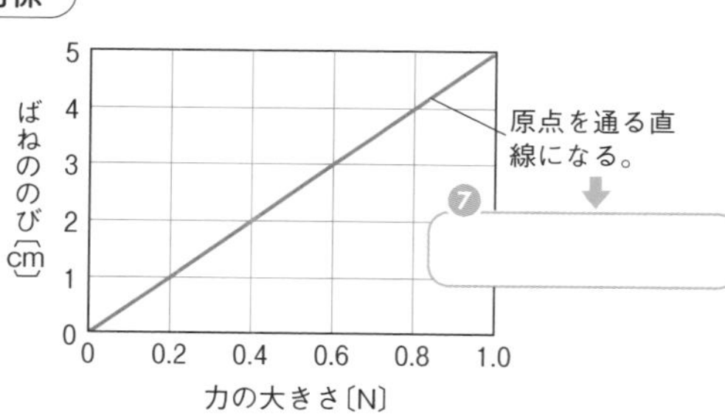


100gの物体にはたらく重力の大きさを1Nとする。

■重さと質量
> ❽＿＿＿＿…物体にはたらく重力の大きさ。場所によって変わり，ばねばかりではかることができる。単位はニュートン（N）。
> ❾＿＿＿＿…場所によって変わらない物体そのものの量。上皿てんびんではかることができる。単位はgやkg。

重さと質量のちがい

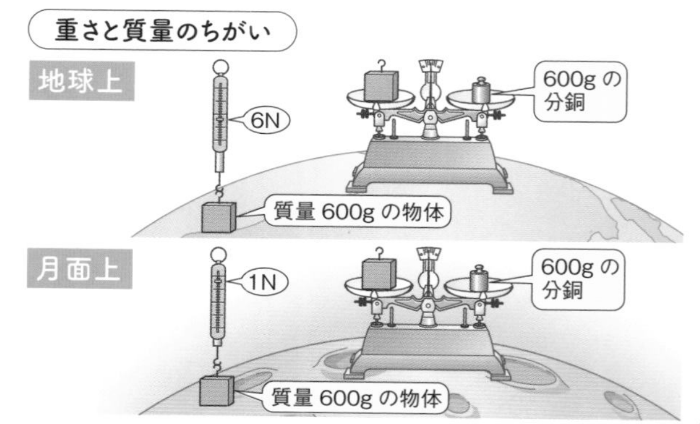

10点アップ！ 10分

## 1 力のはたらき

右の図の①，②の力のはたらきを，次のア～ウからそれぞれ１つずつ選び，記号で答えなさい。

①（　　　）②（　　　）

①

ばねをのばす

②

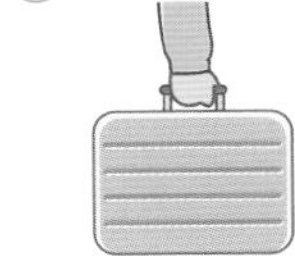

かばんを持つ

ア　物体(ぶったい)の形を変える。　イ　物体の運動の状態を変える。

ウ　物体を支える。

## 2 力の大きさとばねののび

図１のように，１個10gのおもりを個数を変えてばねにつるしていき，ばねにはたらく力の大きさとばねののびの関係を調べた。表はその結果を表したものである。100gの物体にはたらく重力(じゅうりょく)の大きさを1Nとして，あとの問いに答えなさい。

図１

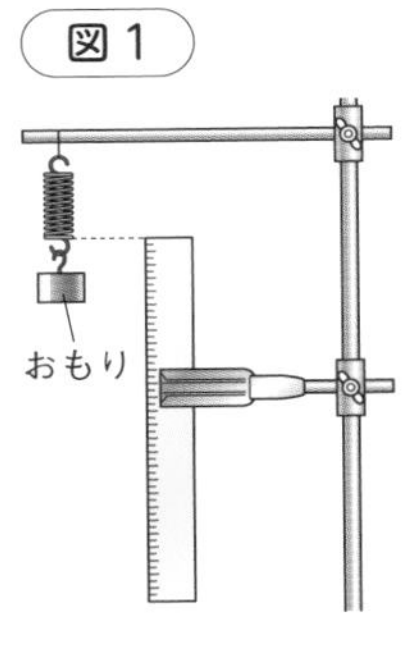


図２

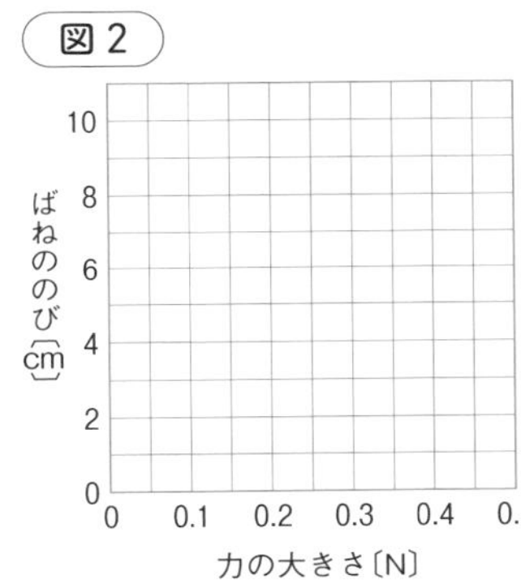


| おもりの数〔個〕 | 0 | 1 | 2 | 3 | 4 | 5 |
|---|---|---|---|---|---|---|
| ばねののび〔cm〕 | 0 | 2 | 4 | 6 | 8 | 10 |

❶おもり１個にはたらく重力の大きさは何Nか求めなさい。

（　　　）

❷ばねにはたらく力の大きさとばねののびの関係を表すグラフを，図２にかきなさい。

❸おもりを８個つるしたときのばねののびは何cmか求めなさい。

（　　　）

点UP ❹同じ実験を月面上で行ったとして，次の①，②に答えなさい。ただし，月面上での重力の大きさは地球の$\frac{1}{6}$とする。

①おもり５個の質量(しつりょう)は何gか求めなさい。（　　　）

②おもりを３個つるしたときのばねののびは何cmか求めなさい。

（　　　）

ヒント

1
①ではばねの形に注目する。②ではかばんの状態に注目する。

2 ❷❸
ばねにはたらく力の大きさとばねののびは比例する。

❹
質量は場所によって変化しないが，重さは場所によって変化する。

# 5 （3章）身のまわりの現象 力の表し方とつり合い

解答 別冊 p.12

さくっとマルつけ

F-16

## 基本をチェック 10分

### 1 力の表し方

> 力がはたらく点を❶＿＿＿＿＿といい，力(ちから)の向(む)き，力の❷＿＿＿＿＿を点と矢印を使って表す。

> 力の矢印の長さは，力の大きさに比例させる。

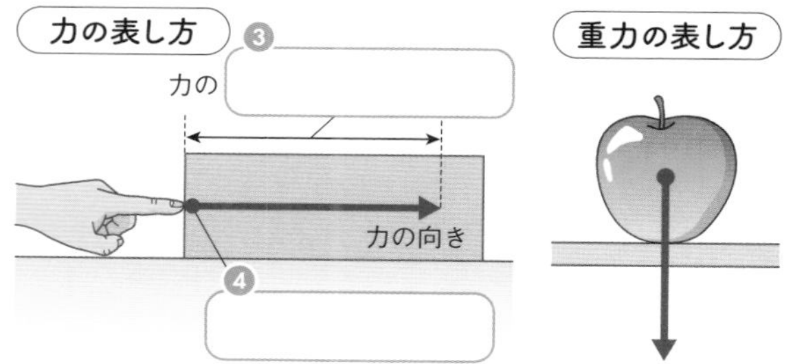


### 2 力のつり合い

■力のつり合い

> 1つの物体(ぶったい)に2つ以上の力がはたらいていて，その物体が動かないとき，物体にはたらく力は❺＿＿＿＿＿いるという。

> 1つの物体にはたらく2力がつり合う条件

1 2つの力の大きさが❻＿＿＿＿＿。

2 2つの力の向きが❼＿＿＿＿＿である。

3 2つの力が❽＿＿＿＿＿上にある。

2力がつり合う条件

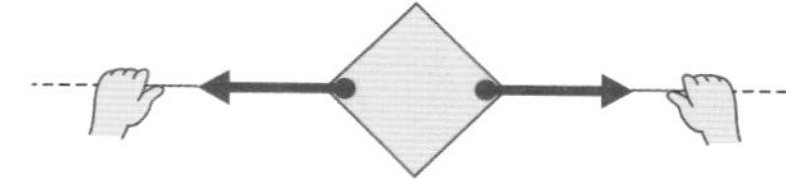

■つり合う2つの力

> 台の上に置いた物体を指で押(お)しても動かないとき…指が物体を押す力と，動きをさまたげようと動きとは反対向きにはたらく❾＿＿＿＿＿がつり合っている。

> 台の上に物体を置いたとき…地球が物体を引く力である❿＿＿＿＿＿と，台の面が物体を押す力である⓫＿＿＿＿＿がつり合っている。

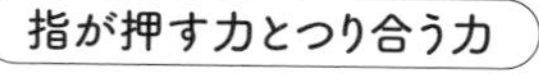


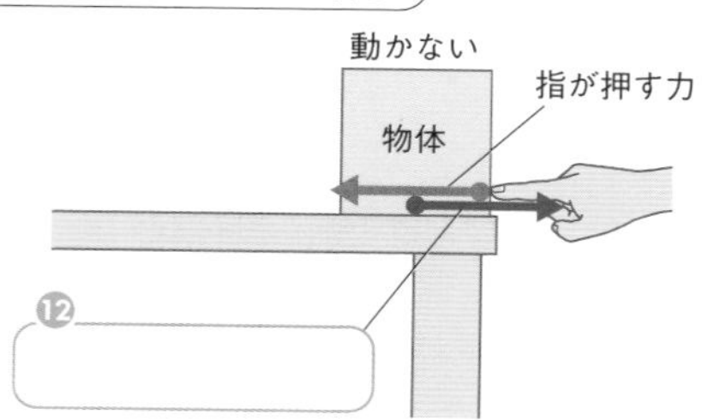


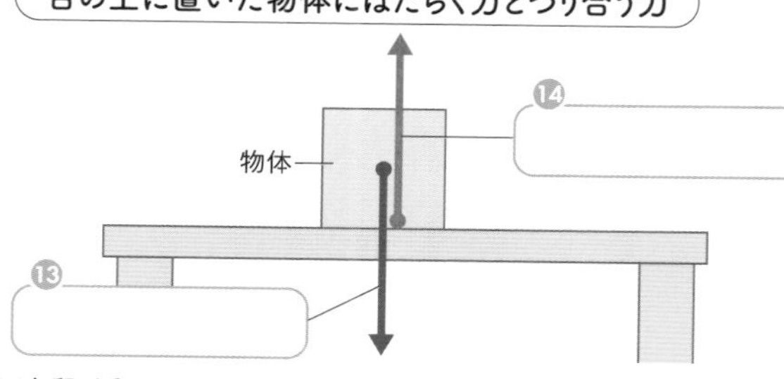


※つり合う2力は一直線上にあるが，ここでは矢印が重ならないようにずらしてかいている。

10点アップ！ 10分

## 1 力の表し方

右の図は，8Nの力で，かべを垂直に押すようすである。2Nの力の大きさを1目盛りの長さで表すとして，かべを押す力を矢印で表しなさい。

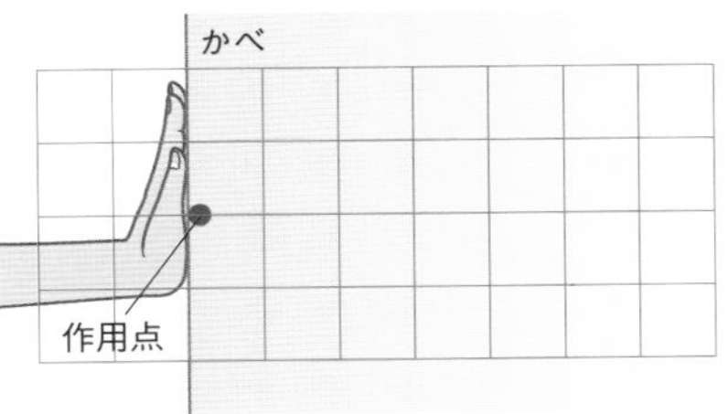


## 2 力のつり合い

右の図のように，1つの物体にひもをつけ，両側から手で引くと，物体は図のような状態で動かなくなった。矢印は物体にはたらく力を表している。次の問いに答えなさい。

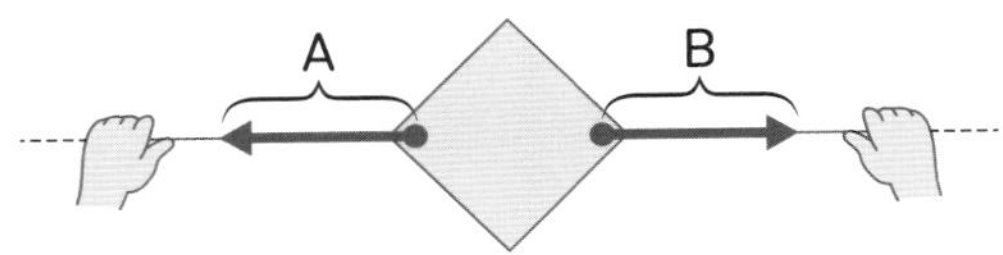


❶ 力Aと力Bはどのような状態にあるといえるか答えなさい。

（　　　　　　　　　　）

❷ 力Aの大きさが2Nであるとき，力Bの大きさは何Nか答えなさい。

（　　　　　　　　　　）

❸ 力Aと力Bは，どのような位置関係にあるか答えなさい。

（　　　　　　　　　　）

## 3 水平な面に置いた物体とつり合う力

右の図は，机の水平な面の上に物体を置き，物体にはたらく力を矢印で表したものである。次の問いに答えなさい。

物体
机

❶ 矢印で表した，物体が地球の中心に向かって引かれる力を何というか答えなさい。

（　　　　　　　　　　）

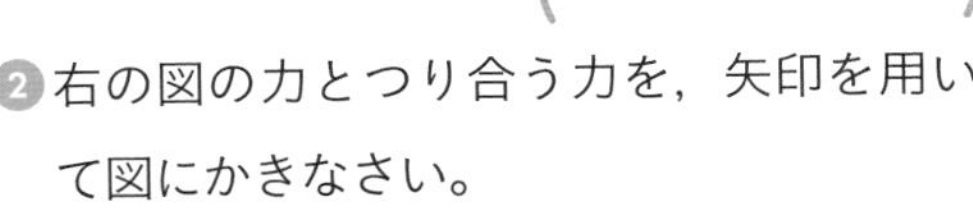

❷ 右の図の力とつり合う力を，矢印を用いて図にかきなさい。

❸ ❷の力を何というか答えなさい。

（　　　　　　　　　　）

点UP ❹ 図の1目盛りは0.5Nを表している。このとき物体にはたらく❶の力の大きさは何Nか答えなさい。

（　　　　　　　　　　）

ヒント

1

力の大きさ（矢印の長さ）は，8÷2＝4より，4目盛りになる。

2

1つの物体にはたらく2力がつり合う条件
- 2つの力の大きさが等しい。
- 2つの力の向きが逆向きである。
- 2つの力が（同）一直線上にある。

3 ❷❸

❶の力とつり合う力は，机が物体を押す力である。

❹

❶の力の矢印の長さが何目盛り分かを考える。

# 火山と火成岩

別冊 p.13

さくっとマルつけ

F-17

## 基本をチェック

10分

## 1 火山

■❶ ＿＿＿＿＿＿…地下にある岩石が高温のためにどろどろにとけたもの。地表に流れ出たものを溶岩という。火山の形や噴火のようすは，マグマの❷ ＿＿＿＿＿＿によって異なる。

火山の形とマグマ

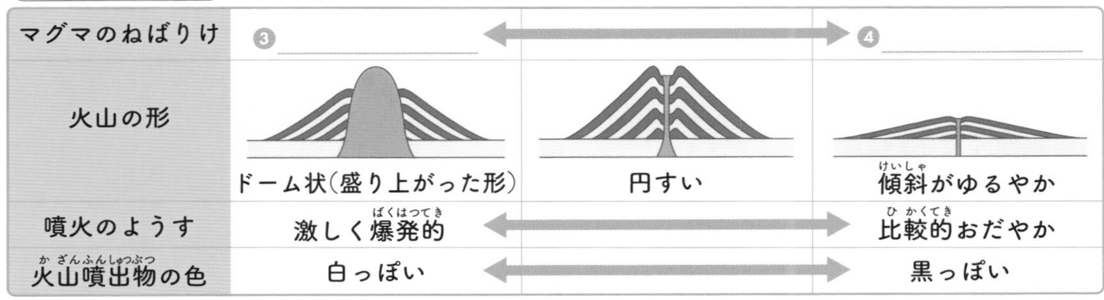

| マグマのねばりけ | ❸ ＿＿＿＿＿＿ | ←→ | ❹ ＿＿＿＿＿＿ |
|---|---|---|---|
| 火山の形 | ドーム状(盛り上がった形) | 円すい | 傾斜がゆるやか |
| 噴火のようす | 激しく爆発的 | ←→ | 比較的おだやか |
| 火山噴出物の色 | 白っぽい | ←→ | 黒っぽい |

■❺ ＿＿＿＿＿＿…噴火のときにふき出された，マグマがもとになってできた物質。

■❻ ＿＿＿＿＿＿…マグマが冷え固まった粒の中で，結晶になったもの。

## 2 火成岩

■❼ ＿＿＿＿＿＿…マグマが冷え固まってできた岩石。火山岩と深成岩に分けられる。

> ❽ ＿＿＿＿＿＿…マグマが地表や地表付近で急速に冷え固まってできる。つくりは❾ ＿＿＿＿＿＿組織。小さな鉱物の集まりやガラス質の部分である❿ ＿＿＿＿＿＿の間に比較的大きな鉱物の結晶である⓫ ＿＿＿＿＿＿が見られる。

> ⓮ ＿＿＿＿＿＿…マグマが地下深くでゆっくり冷え固まってできる。つくりは⓯ ＿＿＿＿＿＿組織。同じくらいの大きさの鉱物が集まっている。

火山岩のつくり

⓬ ＿＿＿＿＿＿

⓭ ＿＿＿＿＿＿

斑状組織

深成岩のつくり

等粒状組織

■火成岩の分類

> ふくまれる鉱物の種類や割合によって分けられる。

火成岩の種類と鉱物の割合

| 火山岩 | 流紋岩 | 安山岩 | ⓰ ＿＿＿＿＿＿ |
|---|---|---|---|
| 深成岩 | ⓱ ＿＿＿＿＿＿ | せん緑岩 | 斑れい岩 |
| 色 | 白っぽい | ←→ | 黒っぽい |
| ふくまれる鉱物の割合 | 無色鉱物 | | 有色鉱物 |

10点アップ！ 10分

## 1 火山の形や噴火のようす

次の図は，代表的な火山の形を模式的に表したものである。あとの問いに答えなさい。

A

B

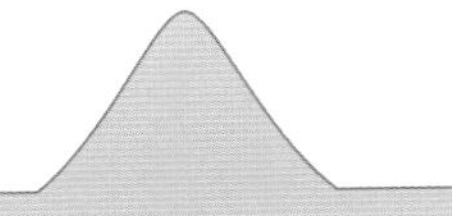

C

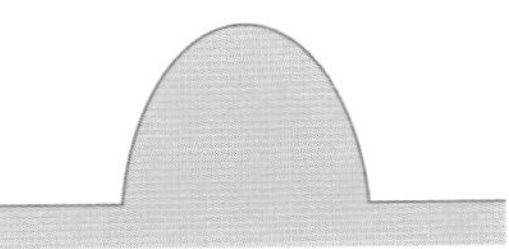

❶ 地下にあるマグマのねばりけが強い順にA～Cを並べかえなさい。

（　　→　　→　　）

❷ 最も激しく爆発的な噴火が起こると考えられるのはどの火山か。図のA～Cから１つ選び，記号で答えなさい。（　　）

❸ Aの火山の溶岩の色は，黒っぽいか，白っぽいか答えなさい。

（　　）

## 2 火山岩と深成岩

右の図は，ある火山岩と深成岩の表面をルーペで観察したときのスケッチである。次の問いに答えなさい。

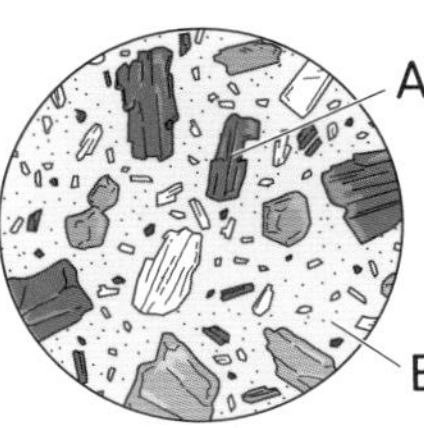

火山岩

深成岩

❶ 火山岩や深成岩のように，マグマが冷え固まってできた岩石を何というか答えなさい。

（　　）

❷ 火山岩に見られるA，Bの部分をそれぞれ何というか答えなさい。

A（　　）B（　　）

❸ 深成岩に見られる図のようなつくりを何というか答えなさい。

（　　）

点UP ❹ 深成岩はどのようにしてできるか。次のア～エから１つ選び，記号で答えなさい。（　　）

ア　マグマが地表や地表付近で急速に冷えて固まってできる。

イ　マグマが地表や地表付近でゆっくりと冷えて固まってできる。

ウ　マグマが地下の深いところで急速に冷えて固まってできる。

エ　マグマが地下の深いところでゆっくりと冷えて固まってできる。

ヒント

1 ❶

ねばりけの強いマグマは流れにくく，ねばりけの弱いマグマは流れやすい。

❷

マグマのねばりけが強い火山は，マグマの中の気体成分がぬけ出しにくく，激しい噴火になりやすい。

2 ❹

長い時間をかけて冷えると，ひとつひとつの鉱物の粒が大きくなる。

# 2 (4章) 大地の変化
# 地震

解答 別冊p.13

さくっとマルつけ

F-18

## 基本をチェック 10分

### 1 地震のゆれと伝わり方

■❶ ＿＿＿＿＿…地震が最初に発生した**地下の場所**。

■❷ ＿＿＿＿＿…震源(しんげん)の真上の地表の点。

■**地震のゆれ**

> はじめの**小さなゆれ**を❸ ＿＿＿＿＿といい，❹ ＿＿＿＿＿波によって伝わる。

> 後からくる**大きなゆれ**を❺ ＿＿＿＿＿といい，❻ ＿＿＿＿＿波によって伝わる。

> ❼ ＿＿＿＿＿＿＿＿＿＿…観測地点にP波とS波が届くまでの時間の差。震源からの距離(きょり)が遠いほど長くなる。

> 地震のゆれは，どの方向にもほぼ一定の速さで伝わり，震源から遠いほど，ゆれはじめるまでの時間は長い。

地震計による地震のゆれの記録

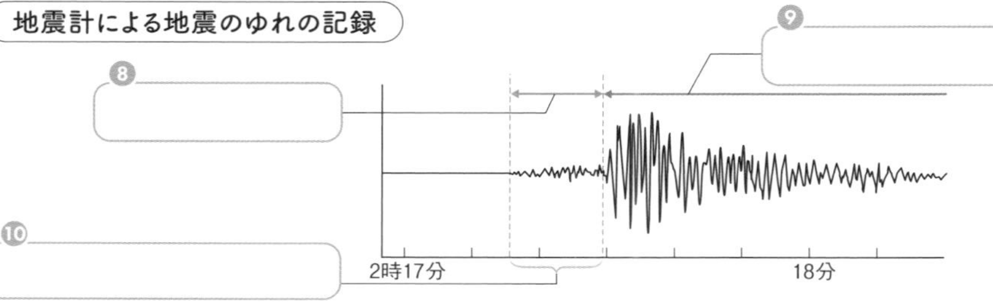


■⓫ ＿＿＿＿＿…観測地点でのゆれの大きさを示す階級。

■⓬ ＿＿＿＿＿＿＿＿（記号M）…地震の規模（エネルギー）を示す尺度。

### 2 地震が起こるしくみと地震の影響

■⓭ ＿＿＿＿＿…地球の表面をおおう，十数枚の厚い岩盤(がんばん)で，少しずつ動く。

> プレートの境界付近では地震が多発する。

プレートの境界で起こる地震のしくみ

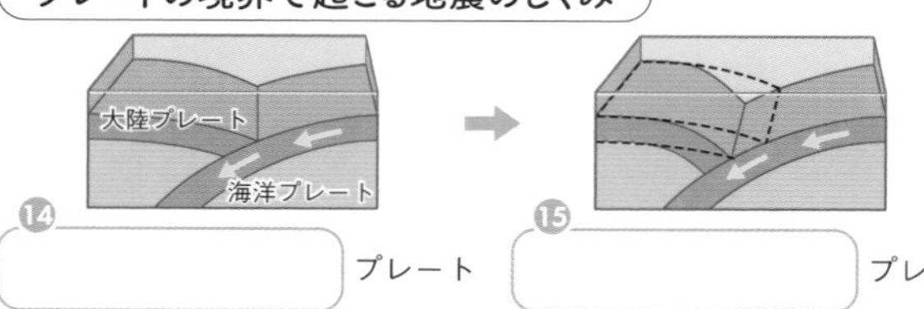


⓮ ＿＿＿＿＿プレートがしずみこむ。

⓯ ＿＿＿＿＿プレートの先端がずれこむ。

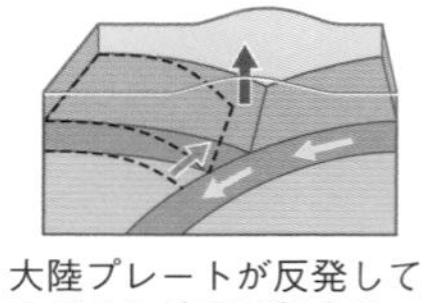

大陸プレートが反発してもどると地震が起こる。

> プレート内部で起こる地震は，地下の岩盤に大きな力がはたらき，断層(だんそう)ができ，同時に地震が起こる。今後もくり返し活動する可能性がある断層を⓰ ＿＿＿＿＿という。

■**地震による大地の変化**

> ⓱ ＿＿＿＿＿…地震などによって，大地が**もち上がる**こと。

> ⓲ ＿＿＿＿＿…地震などによって，大地が**しずむ**こと。

## 1 地震

右の図の点Aは，地震が最初に発生した地下の場所を表している。次の問いに答えなさい。

B
A

❶点Aを何というか答えなさい。
（　　　　　）

❷地表の点Bを何というか答えなさい。
（　　　　　）

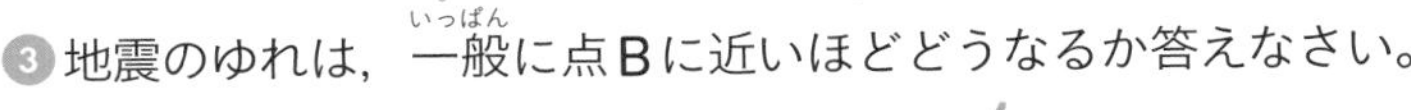

❸地震のゆれは，一般に点Bに近いほどどうなるか答えなさい。
（　　　　　）

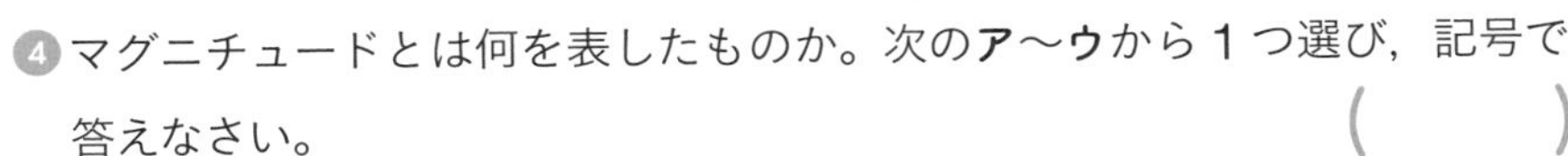

❹マグニチュードとは何を表したものか。次のア〜ウから１つ選び，記号で答えなさい。
（　　　）

ア　ある地点での地面のゆれの大きさ
イ　点Bからの距離
ウ　地震の規模

❺海底で地震が起きたとき，しばらくして海岸に大波が押しよせることがある。この現象を何というか答えなさい。
（　　　　　）

**ヒント**

**1**－❹
同じ場所で発生した地震でも，マグニチュードがちがえば，震度も変わる。

❺
地震により海底が変形することで起こる。陸に近づくほど波が高くなる。

## 2 地震のゆれの記録

右の図は，ある地震の震源からの距離とP波・S波が届いた時刻の関係を表している。次の問いに答えなさい。

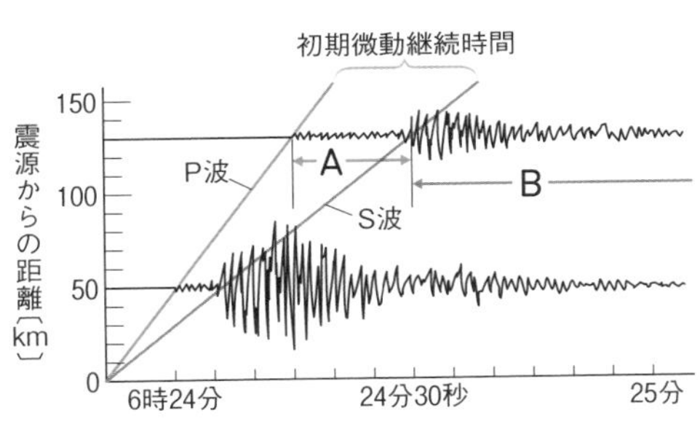


❶A，Bのゆれをそれぞれ何というか答えなさい。
A（　　　　　）　B（　　　　　）

点UP ❷震源から130kmの地点での初期微動継続時間は何秒か答えなさい。
（　　　　　）

❸初期微動継続時間は，地震が発生した場所から遠くなるほどどうなるか答えなさい。
（　　　　　）

**2**－❷
図の２本の直線はそれぞれP波，S波を表しているので，震源からのある距離での初期微動継続時間は，２本の直線の間の時間となる。

3 （4章）大地の変化

# 地層のでき方と堆積岩

解答 別冊 p.14

さくっとマルつけ

F-19

## 基本をチェック

10分

### 1 地層のでき方

■❶＿＿＿＿＿＿…気温の変化や水のはたらきによって，岩石がもろくなること。

＞地層は，風化（ふうか）と流れる水のはたらきによってできる。

■❷＿＿＿＿＿＿…**風化**した岩石をけずるはたらき。

■❸＿＿＿＿＿＿…侵食（しんしょく）された土砂（どしゃ）などを運ぶはたらき。

■❹＿＿＿＿＿＿…運搬（うんぱん）された土砂を積もらせるはたらき。

＞河口に近い方から，れき，砂，❺＿＿＿＿＿＿と，粒（つぶ）の大きい順に堆積（たいせき）する。

⇒層の下の方に粒の大きいもの，上の方に粒の小さいものが堆積する。

### 2 堆積岩

■❻＿＿＿＿＿＿…堆積物（たいせきぶつ）が押（お）し固められてできた岩石。

いろいろな堆積岩

| 堆積岩（たいせきがん） | れき岩 | 砂岩（さがん） | 泥岩（でいがん） | ❼＿＿＿＿ | ❽＿＿＿＿ | ❾＿＿＿＿ |
|---|---|---|---|---|---|---|
| 主な堆積物 | れき | 砂 | 泥（どろ） | 生物の死がいなど | 生物の死がいなど | 火山灰（かざんばい），軽石（かるいし）など |
| 粒の大きさや特徴（とくちょう） | 粒の直径が2mm 以上 | 粒の直径が2〜0.06mm | 粒の直径が0.06mm 以下 | うすい塩酸をかけると気体が発生する | うすい塩酸をかけても気体は発生しない | 粒は角ばっていることが多い |

### 3 化石

■❿＿＿＿＿＿＿…生物の死がいや巣穴などが地層の中にうまり，長い年月をかけて残ったもの。

＞⓫＿＿＿＿＿＿…地層が堆積した当時の**環境**（かんきょう）を示す化石（かせき）。

＞⓬＿＿＿＿＿＿…地層が堆積した**年代**を知ることができる化石。

主な示準化石

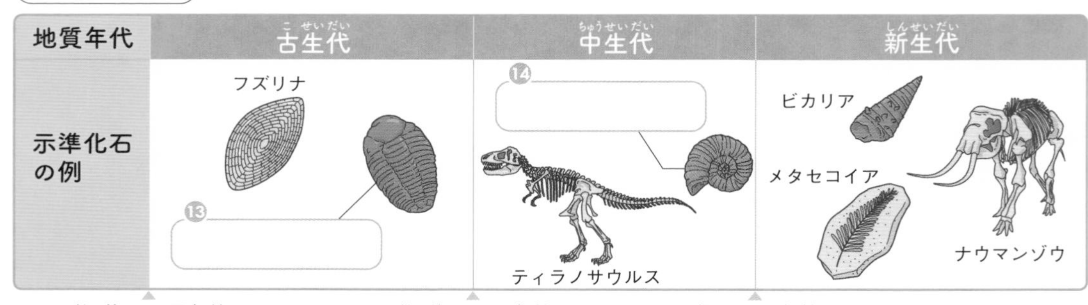

10点アップ！

## 1 地層をつくるはたらき

**右の図は，土砂が海に流れて地層ができるようすを表したもので，a～cは泥，砂，れきのいずれかである。次の問いに答えなさい。**

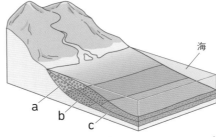

❶ 長い年月の間に，かたい岩石が気温の変化や水のはたらきなどによって，もろくなることを何というか答えなさい。（　　　　　）

❷ 流れる水が，土砂を下流に運ぶはたらきを何というか答えなさい。（　　　　　）

❸ 海に流れ出た土砂のうち，泥を表しているのはどれか。図のa～cから1つ選び，記号で答えなさい。（　　）

❹ 主に泥が押し固められてできた岩石を何というか答えなさい。（　　　　　）

## 2 化石

図1
サンゴ
図2
ビカリア

**ある地域の地層を調べたところ，ある層（A）からは図1の化石が，別の層（B）からは図2の化石が見つかった。次の問いに答えなさい。**

点UP ❶ Aの層が堆積した当時，この地域はどのような環境だったと考えられるか。次のア～エから1つ選び，記号で答えなさい。（　　）

**ア**　あたたかくて浅い海　　**イ**　あたたかくて深い海

**ウ**　寒くて浅い海　　**エ**　寒くて深い海

❷ サンゴの化石のように，地層が堆積した当時の環境を示す化石を何というか答えなさい。（　　　　　）

❸ Bの層は，いつごろ堆積したと考えられるか。次のア～ウから1つ選び，記号で答えなさい。（　　）

**ア**　古生代　　**イ**　中生代　　**ウ**　新生代

ヒント

1 ❸
粒が小さいものほど遠くまで運ばれる。

2 ❶
サンゴは，昔から今と同じ環境で生きている。

❸
ナウマンゾウが生きていたころと同じ年代。

4 4章 大地の変化

# 大地の変動

解答 別冊p.15

さくっとマルつけ F-20

## 基本をチェック 10分

### 1 大地の変動による地形

■❶ ______________…地層に大きな力が長時間はたらいてできた，波打つような地層の曲がり。

■❷ ______________…地層や岩盤に大きな力がはたらいてできた，地層や岩盤のずれ。

しゅう曲のでき方

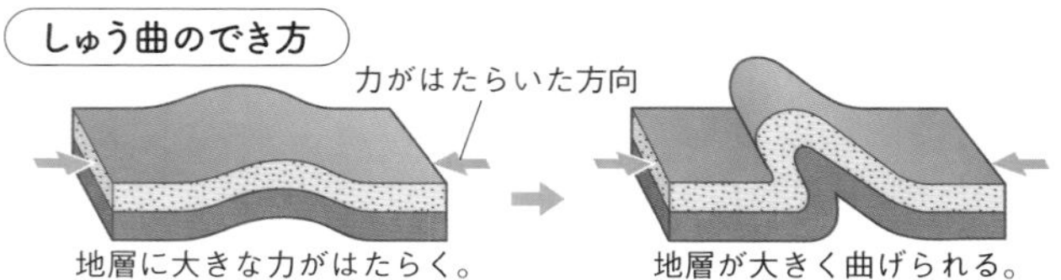


断層のでき方

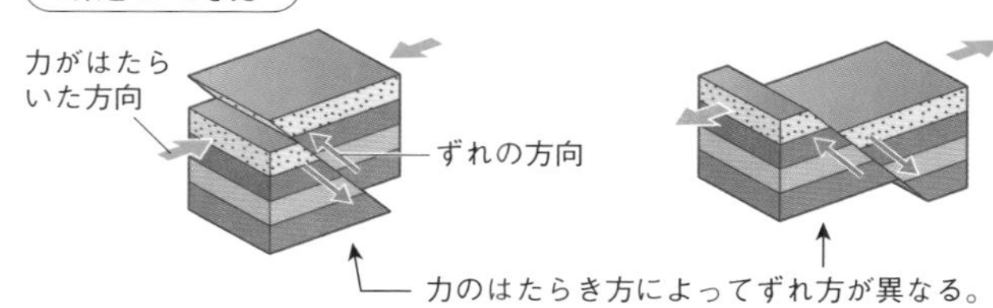


### 2 地層の観察

■地層の広がり

> 露頭…道路のわきやがけなどで，地層が地表に現れているところ。

> ❸ ______________…火山灰や凝灰岩の層など，地層の広がりを知る手がかりになる層。

> ❹ ______________…ある地点の地層のようすを1本の柱の形に表したもの。

⇒右の図では，❺ ______________の層を目安にすると，地層はB地点の方が低くなるように傾いていることがわかる。

柱状図の読みとり方

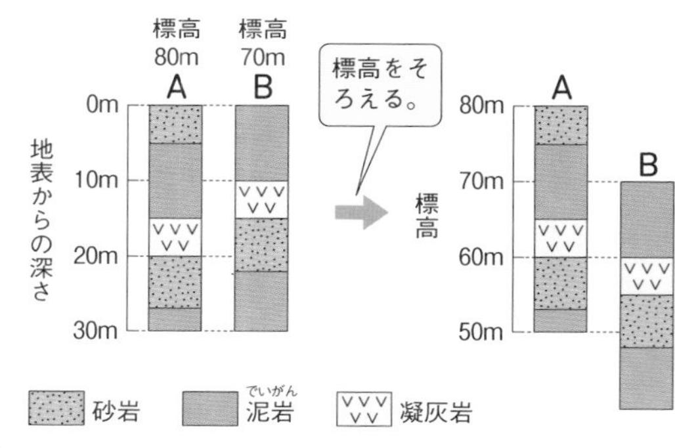


### 3 地層の観察からわかること

■右の図の地層のスケッチからわかること

> 地層はふつう下から上，❻ ______________粒ほど海岸近くに堆積する。⇒だんだん海岸に❼ ______________くなっていった。

> アンモナイトの化石がある。⇒石灰岩の層は，❽ ______________に堆積した。

> ❾ ______________の層がある。⇒堆積した当時，火山活動があった。

地層のスケッチ

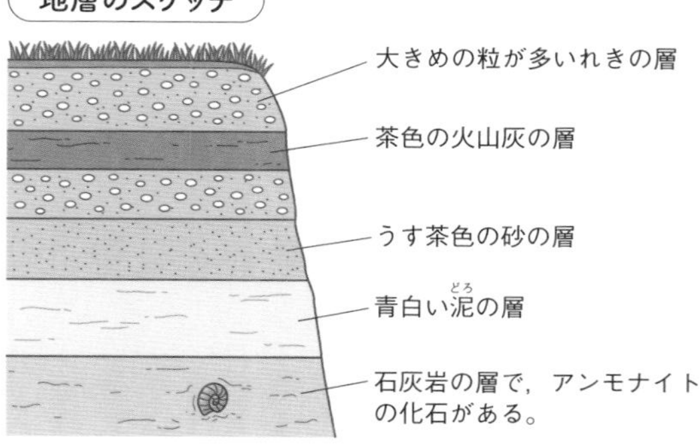

10点アップ！ 10分

## 1 大地の変動による地形

次の図のA〜Cは，大地に大きな力がはたらいてできる地形を表したものである。あとの問いに答えなさい。

A

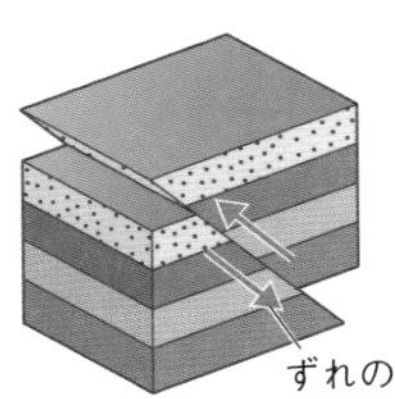


B

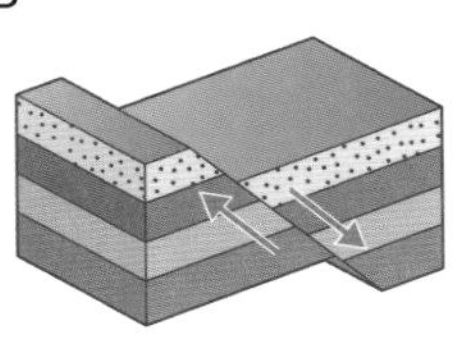

C

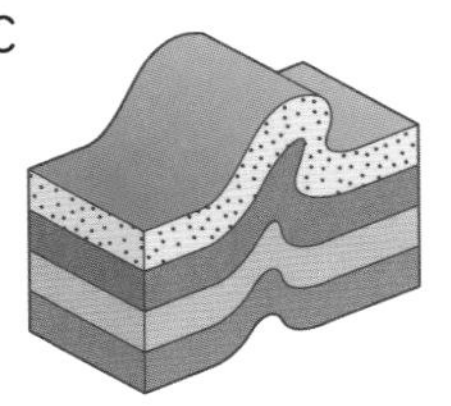

❶ A，Bのような地層のずれを何というか答えなさい。

(　　　　　　)

❷ Cのような地層の曲がりを何というか答えなさい。

(　　　　　　)

❸ 両側から押（お）す力がはたらいたときにできる地形を，図のA〜Cからすべて選び，記号で答えなさい。

(　　　　　　)

## 2 地層の観察

ある地域において，A，B，Cの３地点での地層の重なり方を調べた。図１はこの地域の等高線を表したもので，図２は３地点でのボーリング調査の結果を表したものである。なお，この地域では，火山灰（かざんばい）の層は１つしかない。また，地層に上下の逆転は見られず，各層は平行に重なり，ある方向に傾（かたむ）いている。あとの問いに答えなさい。

図１

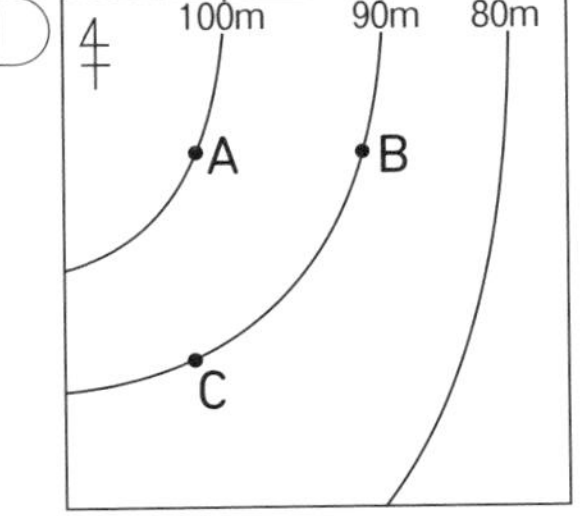


図２



❶ 図２のように，地層のようすを１本の柱の形にして表したものを何というか答えなさい。

(　　　　　　)

❷ 図２のa〜cの砂の層を，堆積（たいせき）した時代が古い順に並べかえなさい。

(　　→　　→　　)

点UP ❸ 地層の傾きは，東西南北のどの方角に低くなっていると考えられるか答えなさい。

(　　　　　　)

ヒント

1 ❸

地層のずれは，横から押す力がはたらいた場合と，横から引っぱる力がはたらいた場合で形がちがう。

2 ❷

かぎ層となる層を見つけるとよい。

❸

火山灰の層に注目する。火山灰の層の標高を，図１と図２を利用して求める。

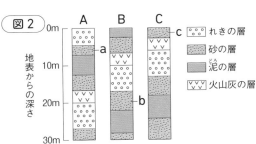

# 重要用語のまとめ

## 1章　いろいろな生物とその共通点

| 用語 | 説明 |
|---|---|
| □ 双眼実体顕微鏡 | 観察物を20～40倍程度で**立体的に観察できる**顕微鏡。 |
| □ 子房 | めしべのもとのふくらんだ部分。**受粉後成長して果実となる。** |
| □ 胚珠 | **受粉後成長して種子となる**粒。被子植物では子房の中にある。 |
| □ 受粉 | めしべの先の**柱頭に花粉がつく**こと。 |
| □ 種子植物 | 花をさかせ，**種子をつくって**なかまをふやす植物。 |
| □ 被子植物 | **胚珠が子房の中にある**植物。 |
| □ 裸子植物 | **胚珠がむき出しの**植物。 |
| □ 双子葉類 | 発芽のとき**子葉が２枚の**植物。葉脈は網状脈，根は主根と側根。 |
| □ 単子葉類 | 発芽のとき**子葉が１枚の**植物。葉脈は平行脈，根はひげ根。 |
| □ シダ植物 | 胞子でなかまをふやし，**葉・茎・根の区別がある**植物。 |
| □ コケ植物 | 胞子でなかまをふやし，**葉・茎・根の区別がない**植物。 |
| □ セキツイ動物 | **背骨をもつ**動物。魚類，両生類，ハチュウ類，鳥類，ホニュウ類。 |
| □ 胎生 | **母親の子宮内である程度成長した子が生まれる**，ホニュウ類のふえ方。 |
| □ 無セキツイ動物 | **背骨をもたない**動物。 |
| □ 節足動物 | からだが外骨格でおおわれ，**からだやあしに節がある**動物。 |
| □ 軟体動物 | 内臓が筋肉でできた膜である**外とう膜におおわれている**動物。 |

## 2章　身のまわりの物質

| 用語 | 説明 |
|---|---|
| □ 金属 | **みがくと光る，電気をよく通すなど**の共通の性質がある物質。 |
| □ 有機物 | **炭素をふくむ物質で，燃やすと二酸化炭素や水を発生する。** |
| □ 無機物 | **有機物以外の**物質。 |
| □ 密度 | 物質１cm³あたりの質量。<br>密度〔g/cm³〕$= \dfrac{\text{物質の質量〔g〕}}{\text{物質の体積〔cm}^3\text{〕}}$ |
| □ 水上置換法 | **水にとけにくい気体**を集める方法。 |
| □ 上方置換法 | **水にとけやすく，空気より密度が小さい気体**を集める方法。 |
| □ 下方置換法 | **水にとけやすく，空気より密度が大きい気体**を集める方法。 |
| □ 溶質 | 水などの液体に**とけている物質。** |
| □ 溶媒 | 溶質を**とかしている液体。** |
| □ 溶液 | **溶質が溶媒にとけた液体。**溶媒が水の溶液は水溶液という。 |
| □ 質量パーセント濃度 | 溶液の濃さ。<br>**質量パーセント濃度〔%〕**<br>$= \dfrac{\text{溶質の質量〔g〕}}{\text{溶液の質量〔g〕}} \times 100$ |
| □ 溶解度 | **100gの水にそれ以上とけることができなくなったときの**溶質の質量。 |
| □ 再結晶 | 固体の物質をいったん水にとかし，**再び結晶としてとり出す**こと。 |
| □ 状態変化 | 温度によって，物質の状態が，**固体，液体，気体と変化する**こと。 |
| □ 蒸留 | 液体を加熱し，**出てくる気体を冷やして再び液体にしてとり出す**方法。 |

## 3章 身のまわりの現象

| 用語 | 説明 |
|---|---|
| □ (光の) 反射 | 光が物体の表面で**はね返る**こと。 |
| □ (光の) 反射の法則 | **入射角と反射角の大きさが等しい**こと。 |
| □ (光の) 屈折 | 光が異なる物質の境界面で**折れ曲がる**こと。 |
| □ 全反射 | 光が水やガラスから空気中に進むとき,境界面で**光がすべて反射する**こと。 |
| □ 焦点 | 光軸に平行な光が凸レンズを通ったときに**集まる1点**。 |
| □ 実像 | **凸レンズを通った光が1点に集まり**,スクリーンなどにできる像。 |
| □ 虚像 | **物体の反対側から凸レンズをのぞくと**見える像。 |
| □ 振幅 | 音源の**振れ幅の大きさ**。大きいほど大きい音が出る。 |
| □ 振動数 | 音源が**1秒間に振動する回数**。単位はHz。多いほど高い音が出る。 |
| □ 力のはたらき | 物体の**形を変える**,物体の**運動の状態を変える**,物体を**支える**。 |
| □ 重力 | 地球上の物体が,**地球の中心に向かって引かれる**力。 |
| □ 摩擦力 | ふれ合って動いている物体の間にはたらく,**物体の動きをさまたげる**力。 |
| □ フックの法則 | **ばねののびは,ばねにはたらく力の大きさに比例する**という関係。 |
| □ 質量 | **物体そのものの量**で場所によって変わらない。単位はgやkg。 |
| □ 力の表し方 | **作用点,力の向き,力の大きさ**を点と矢印を使って表す。 |
| □ 力のつり合いの条件 | 1つの物体にはたらく2力の**大きさが同じ,向きが逆,一直線上にある**。 |

## 4章 大地の変化

| 用語 | 説明 |
|---|---|
| □ マグマ | 地下にある**岩石がどろどろにとけたもの**。 |
| □ 火成岩 | **マグマが冷え固まってできた**岩石。 |
| □ 火山岩 | マグマが**地表や地表付近で急速に冷え固まって**できる岩石。 |
| □ 斑状組織 | **火山岩のつくり**で,石基と斑晶からなる。 |
| □ 深成岩 | マグマが**地下深くでゆっくり冷え固まって**できる岩石。 |
| □ 等粒状組織 | **深成岩のつくり**で,同じくらいの大きさの鉱物が集まっているつくり。 |
| □ 震源 | 地震が最初に発生した**地下の場所**。 |
| □ 震央 | **震源の真上**の地表の点。 |
| □ 初期微動 | 地震のゆれのうち,**はじめの小さなゆれ**で,P波によって伝わる。 |
| □ 主要動 | 地震のゆれのうち,**後からくる大きなゆれ**で,S波によって伝わる。 |
| □ 初期微動継続時間 | **P波とS波が届くまで**の時間の差。 |
| □ 震度 | 観測地点での**ゆれの大きさを示す**階級。 |
| □ マグニチュード(M) | **地震の規模(エネルギー)を示す**尺度。 |
| □ 堆積岩 | **堆積物が押し固められて**できた岩石。 |
| □ しゅう曲 | 地層に大きな力が長時間はたらいてできた**波打つような地層の曲がり**。 |
| □ 断層 | 地層や岩盤に大きな力がはたらいてできた,**地層や岩盤のずれ**。 |

□ 執筆協力　田中麻衣子

□ 編集協力　㈱カルチャー・プロ　中野知子　平松元子

□ 本文デザイン　細山田デザイン事務所（細山田光宣　南 彩乃　室田 潤）

□ 本文イラスト　ユア

□ DTP　㈱明友社

□ 図版作成　㈱明友社

シグマベスト

定期テスト
超直前でも平均 +10点ワーク
中１理科



編　者　文英堂編集部

発行者　益井英郎

印刷所　株式会社加藤文明社

発行所　株式会社文英堂
〒601-8121　京都市南区上鳥羽大物町28
〒162-0832　東京都新宿区岩戸町17
(代表)03-3269-4231

●落丁・乱丁はおとりかえします。

ΣBEST シグマベスト

# 定期テスト超直前でも平均+10点ワーク

## 【解答と解説】

中1 理科

文英堂

1章

# いろいろな生物とその共通点

## ① 身近な生物の観察

### 基本をチェック

❶立体的　❷対物レンズ
❸視度調節リング　❹ルーペ
❺観察物　❻顔
❼観察物　❽顔
❾よい　❿悪
⓫ミカヅキモ　⓬ゾウリムシ
⓭ミドリムシ　⓮ミジンコ

### 10点アップ！

**1** ❶立体的　❷目
❸名前…視度調節リング　目…左目
❹C…粗動ねじ　D…微動ねじ

**2** ❶ア　❷ア，ウ

**3** ア，エ

### 解説

**1** 双眼実体顕微鏡の使い方

1 接眼レンズを目の幅に合わせる。
2 鏡筒を支えながらCの粗動ねじをゆるめ，観察物の大きさに合わせて鏡筒を上下させて固定する。
3 Dの微動ねじを右目でのぞきながら回し，ピントを合わせる。
4 Bの視度調節リングを左目でのぞきながら回し，ピントを合わせる。

**ミス注意！**
微動ねじを回すときは右目，視度調節リングを回すときは左目で見る。

**2** ❶花は動かせる観察物なので，花を動かす。
❷スケッチをするときは，次の点に注意する。
・細い線と点ではっきりとかく。
・二重にかいたり，色や影をつけたりしない。
・日時や気がついたことをメモする。
・目的のものだけをかく。

## ② 花のつくりとはたらき

### 基本をチェック

❶おしべ　❷めしべ
❸離弁花　❹合弁花
❺子房　❻胚珠
❼柱頭　❽子房
❾胚珠　❿受粉
⓫果実　⓬種子
⓭雌花　⓮雌花
⓯胚珠　⓰花粉のう
⓱種子植物　⓲被子植物
⓳裸子植物

### 10点アップ！

**1** ❶A…めしべ　C…花弁
❷A　❸胚珠
❹種類によって異なる。

**2** ❶A　❷花粉　❸種子
❹裸子植物　❺イ，エ

### 解説

**1** ❶Bはがく，Dはおしべである。
❷多くの花は，**外側から，がく，花弁，おしべ，めしべの順についている。**
❸**めしべのもとのふくらんだ部分を子房といい，子房の中に胚珠がある。**胚珠は，受粉が起こると，成長して種子になる。
❹ふつう，**めしべはどの花も1本だが，がく，花弁，おしべの数は，種類によって**

異なる。

**2** ❶雌花は枝の先の方につく。また，りん片には子房がなく，むき出しの胚珠がついている。

❷雄花のりん片には花粉のうがあり，中に花粉が入っている。

❹**子房がなく胚珠がむき出しになっている植物を裸子植物という。**

**ミス注意！**

種子をつくる植物のうち，胚珠が子房の中にある植物を被子植物，胚珠がむき出しになっている植物を裸子植物という。

❺サクラ，アブラナは被子植物である。

## ❸葉・根のつくり

### 基本をチェック

❶葉脈　❷網状脈

❸平行脈　❹網状脈

❺平行脈　❻双子葉類

❼単子葉類　❽主根

❾側根　❿ひげ根

⓫主根　⓬側根

⓭ひげ根　⓮根毛

⓯水

### 10点アップ！

**1** ❶葉脈

❷ツユクサ…A　ホウセンカ…B

トウモロコシ…A　ツバキ…B

❸A…1枚　B…2枚

**2** ❶ひげ根

❷a…主根　b…側根　❸B

❹例 からだを支えるはたらき。

### 解説

**1** ❷Aの葉脈は**平行脈で，単子葉類の植物の葉に見られる。Bの葉脈は網状脈で，双子葉類の植物の葉に見られる。**ツユクサ，トウモロコシは単子葉類，ホウセンカ，ツバキは双子葉類である。

❸単子葉類の子葉は1枚，双子葉類の子葉は2枚である。

**2** ❶Aのように，たくさんの細い根をひげ根という。トウモロコシやツユクサ，イネの根はひげ根である。

❷❸Bのaのような中心の太い根を主根といい，bのようなたくさんの細い根を側根という。タンポポやホウセンカの根は主根と側根からなる。

**ミス注意！**

**双子葉類の根**…主根と側根

**単子葉類の根**…ひげ根

## ❹植物の分類

### 基本をチェック

❶被子植物　❷裸子植物

❸2　❹網状

❺主根　❻1

❼平行　❽ひげ根

❾胞子　❿胞子

⓫胞子のう　⓬胞子

⓭仮根　⓮胞子のう

⓯仮根　⓰被子植物

⓱単子葉類　⓲シダ植物

### 10点アップ！

**1** ❶葉…A　根…C

❷双子葉類　❸網状脈　❹ウ

**2** ❶イヌワラビ…シダ植物

ゼニゴケ…コケ植物

❷胞子　❸イヌワラビ

❹仮根

**解説**

**1** ①〜③アブラナは双子葉類である。双子葉類の葉脈は網目状（網状脈）で，根は主根と側根からなる。

④サクラとタンポポは双子葉類，トウモロコシは単子葉類である。双子葉類はCのような根をもち，単子葉類はDのような根をもつ。

**2** ②**シダ植物とコケ植物は，種子ではなく胞子をつくってふえる。**

③**シダ植物は，葉・茎・根の区別があるが，コケ植物は葉・茎・根の区別がない。**

④コケ植物の根のように見える部分は仮根といい，からだを地面に固定するためのつくりである。

**ミス注意！**
仮根のはたらきは，種子植物の根のような水分や養分を吸収するはたらきとは異なる。

## ⑤動物の分類

### 基本をチェック

| | |
|---|---|
| ①**セキツイ動物** | ②**魚** |
| ③**両生** | ④**ハチュウ** |
| ⑤**鳥** | ⑥**ホニュウ** |
| ⑦**卵生** | ⑧**両生類** |
| ⑨**胎生** | ⑩**ホニュウ類** |
| ⑪**えら** | ⑫**肺** |
| ⑬**無セキツイ動物** | ⑭**外骨格** |
| ⑮**節足動物** | ⑯**昆虫** |
| ⑰**甲殻** | ⑱**外とう膜** |
| ⑲**軟体動物** | |

### 10点アップ！

**1** ①記号…C　名前…**胎生**

②記号…D　名前…**魚類**

③B

**2** ①**節足動物**　②**外骨格**

③A，D

**解説**

**1** Aのニワトリは鳥類，Bのイモリは両生類，Cのウサギはホニュウ類，Dのメダカは魚類，Eのヘビはハチュウ類である。

①**母親の子宮内である程度育った子を産むなかまのふやし方を胎生という。**セキツイ動物で胎生であるのはホニュウ類だけで，それ以外のなかまは卵を産んでなかまをふやす卵生である。

②③一生えらで呼吸するのは魚類である。両生類は，子はえらと皮膚，親は肺と皮膚で呼吸する。ハチュウ類，鳥類，ホニュウ類は一生肺で呼吸する。

**2** ②**節足動物のなかまは，からだがかたい殻におおわれていて，この殻を外骨格という。**外骨格はからだを支えたり，からだを保護したりするのに役立っている。

③節足動物のうち，Aのカニ，Dのエビは甲殻類，Bのチョウ，Cのバッタは昆虫類，Eのクモはその他の節足動物に分類される。

**ミス注意！**
節足動物は，甲殻類，昆虫類，その他の節足動物に分類される。クモは昆虫類ではないことに注意する。

2章

# 身のまわりの物質

## ①いろいろな物質

### 基本をチェック

❶物体(ぶったい)　❷物質(ぶっしつ)
❸物質　❹物体
❺金属　❻電気
❼熱　❽非金属(ひきんぞく)
❾鉄　❿有機物(ゆうきぶつ)
⓫二酸化炭素　⓬無機物(むきぶつ)
⓭質量(しつりょう)　⓮密度(みつど)
⓯浮(う)く

### 10点アップ！

1 ❶砂糖，デンプン
❷ 例 白くにごった。
❸二酸化炭素　❹有機物(ゆうきぶつ)

2 有機物…イ，オ，カ
無機物(むきぶつ)…ア，ウ，エ

3 ❶ 2.7 g/cm³　❷しずむ。
❸アルミニウム

### 解説

1 ❶食塩は加熱しても燃えない。砂糖とデンプンは加熱すると燃え，炭のような物質(ぶっしつ)が残る。
❷～❹砂糖，デンプンは炭素をふくむ。このような物質を有機物といい，加熱すると二酸化炭素が発生する。二酸化炭素を石灰水(せっかいすい)に通すと，石灰水は白くにごる。

2 **炭素をふくむ物質を有機物といい，燃えると二酸化炭素を発生する。有機物以外の物質を無機物という。**物質は有機物と無機物に分けられる。**ア**の銅は金属で無機物である。

3 ❶ $\frac{10.8\,\text{g}}{4.0\,\text{cm}^3} = 2.7\,\text{g/cm}^3$
❷物質の密度(みつど)が水の密度よりも大きいので，水に入れるとしずむ。
❸**密度は物質の種類によって値が決まっている**ので，物質を区別する手がかりになる。この物質の密度は表のアルミニウムの密度と同じなので，アルミニウムであるとわかる。

**ミス注意！**
**液体に固体を入れたとき**
液体の密度＜固体の密度→固体はしずむ
液体の密度＞固体の密度→固体は浮(う)く

## ②実験器具の使い方

### 基本をチェック

❶空気調節ねじ　❷元栓(もとせん)
❸ガス調節ねじ　❹空気調節ねじ
❺ガス調節ねじ　❻空気調節ねじ
❼ガス調節ねじ　❽真横
❾ $\frac{1}{10}$　❿体積
⓫ 0

### 10点アップ！

1 ❶エ→イ→ア→ウ　❷青色
❸ねじ…A　向き…ア
❹空気調節ねじ

2 ❶ 68.5 cm³　❷ 8.5 cm³
❸ 71.2 cm³

### 解説

1 ❶火をつけるときは，はじめに空気調節ねじ，ガス調節ねじの2つのねじが閉まっていることを確認し，**元栓(もとせん)→（コック）→ガス調節ねじ→空気調節ねじ**の順に開く。

火を消すときは，火をつけるときと逆の順に操作をする。

❷ガスバーナーの炎が赤いときは，空気が不足しているので，**空気の量をふやして青色の安定した炎**にする。

❸❹ Aは空気調節ねじ，Bはガス調節ねじである。どちらのねじも，**ア**の向きに回すと開き，**イ**の向きに回すと閉まる。❷では空気をふやす必要があるので，Aの空気調節ねじを**ア**の向きに回して開く。

**ミス注意！**

炎の色の調整は，空気調節ねじを開いたり閉めたりして行う。

**2** ❶液面のいちばん平らなところを，**最小目盛りの $\frac{1}{10}$ まで目分量で読みとる。**

❷はじめに60.0 $cm^3$ の水が入っていたので，ふえた分の68.5 $cm^3$ − 60.0 $cm^3$ ＝ 8.5 $cm^3$ が，しずめた物体の体積になる。

❸メスシリンダーに入っている水の体積は❷と変わらないので60.0 $cm^3$。ここに体積が11.2 $cm^3$ の物体を入れるので，メスシリンダーの目盛りは，60.0 $cm^3$ ＋ 11.2 $cm^3$ ＝ 71.2 $cm^3$ と求めることができる。

## ❸いろいろな気体

### 基本をチェック

❶上方置換法
❷下方置換法
❸水上置換法
❹上方置換法
❺過酸化水素水
❻燃やす
❼二酸化マンガン
❽塩酸
❾酸
❿石灰水
⓫石灰石
⓬塩酸
⓭小さい
⓮水
⓯塩化アンモニウム
⓰アルカリ

### 10点アップ！

**1** ❶ A…**水上置換法**
B…**上方置換法**
C…**下方置換法**

❷①A，C　②B

**2** ❶ 例 **はじめのうちは装置の中にあった空気が出てくるから。**

❷**激しく燃える。**

❸**酸素**

**3** ❶**水素**

❷**イ**

### 解説

**1** ❶ Aは試験管に入っている水が発生した気体に置きかわっていることから水上置換法，Bは発生した気体が試験管の上の方からたまっていることから上方置換法，Cは発生した気体が試験管の下の方からたまっていることから下方置換法。

❷①の二酸化炭素は水に少しとけ，空気より密度が大きいので，水上置換法または下方置換法で集める。②の**アンモニアは水に非常にとけやすく，空気より密度が小さいので，上方置換法で集める。**

**ミス注意！**

**気体の集め方**

まず，水にとけやすいかとけにくいかを考える。水にとけにくい気体は水上置換法で集めるとよい。

**2** ❶気体を発生させて集めるときは，はじめはもともと装置内にあった空気が出てくるので，試験管2本分の気体をすててから集めたい気体を集める。

❷❸二酸化マンガンにうすい過酸化水素水を加えると酸素が発生する。**酸素にはものを燃やすはたらきがあるため，酸素に火のついた線香を入れると，線香が激しく燃える。**

**3** ❶**水素は，亜鉛や鉄などの金属にうすい塩酸を加えると発生する。**

❷空気中で水素に火を近づけると，水素自身が燃えて水ができる。**ア**は塩素やアンモニアなどの性質，**ウ**は二酸化炭素の性質，**エ**は酸素の性質である。

**ミス注意！**
**酸素**…ものを燃やすはたらきがある。
**水素**…水素自身が燃えて水ができる。

## ❹水溶液の性質①

### 基本をチェック

❶**透明** ❷**溶質**
❸**溶媒** ❹**溶液**
❺**水溶液** ❻**ろ過**
❼**ろうと** ❽**濃度**
❾**質量パーセント濃度**
❿**溶質** ⓫**溶媒**
⓬**純粋な物質［純物質］**
⓭**混合物**

### 10点アップ！

**1** ❶溶質…**砂糖**　溶媒…**水**
❷**イ**
❸**混合物**
❹**エ**

**2** ❶**25%**
❷**48g**
❸大きいもの…**イ**　小さいもの…**ウ**

### 解説

**1** ❷物質が水にとけているとき，物質は目に見えない小さな粒子になって全体に均一に広がっている。時間がたってもこの状態は変わらない。

❹ろ過の操作では，液はガラス棒を伝わらせて入れ，ろうとのあしのとがった方をビーカーのかべにつける。

**2** 質量パーセント濃度〔%〕

$$=\frac{溶質の質量〔g〕}{溶液の質量〔g〕}\times 100$$

$$=\frac{溶質の質量〔g〕}{溶質の質量〔g〕+溶媒の質量〔g〕}\times 100$$

の式を用いる。

❶ $\frac{90g}{90g+270g}\times 100=25$
よって，25%

❷ $400g\times\frac{12}{100}=48g$

❸ア $\frac{20g}{20g+300g}\times 100=6.25$
よって，6.25%

イ $\frac{50g}{50g+500g}\times 100=9.09\cdots$
よって，9.09%

ウ $\frac{18g}{18g+342g}\times 100=5$
よって，5%

エ $\frac{8g}{100g}\times 100=8$
よって，8%

**ミス注意！**
質量パーセント濃度を求めるときは，溶質，溶媒，溶液の値をそれぞれ問題から読みとって，求める式にあてはめる。

## ❺水溶液の性質②

### 基本をチェック

❶**飽和水溶液** ❷**溶解度**
❸**溶解度曲線** ❹**結晶**
❺**塩化ナトリウム** ❻**再結晶**
❼**溶解度** ❽**109.2**
❾**31.6** ❿**77.6**
⓫**蒸発**

10点アップ！

**1 ❶塩化ナトリウム**

**❷(約)58g[57g，59g]　❸ウ**

**❹例 塩化ナトリウムは温度による溶解度の差が小さいから。**

**❺例 (加熱して)水を蒸発させる。**

**2 イ**

解説

1 ❶水の温度と溶解度の関係をグラフに表したものを溶解度曲線という。グラフより，20℃の水100gにとける質量は，硝酸カリウムが約32g，塩化ナトリウムが約36g，ミョウバンが約11gで，塩化ナトリウムが最も大きい。

❷グラフより，10℃の水100gにとける硝酸カリウムの質量は約22gなので，出てくる結晶の質量は，80g－22g＝58g

❸グラフより，ミョウバンは60℃の水100gに約60gとけるので，2倍の量の水200gには，60g×2＝120g とける。

❹**塩化ナトリウムの溶解度曲線は温度による変化が小さいグラフとなっている。**温度による溶解度の差が小さい物質では，水の温度を下げても，出てくる結晶は少ない。温度による溶解度の差が大きい物質ほど，水の温度を下げたときに出てくる結晶の質量が大きい。

❺❹の塩化ナトリウムのように，温度による溶解度の差が小さい物質の結晶をとり出すには，加熱するなどして水を蒸発させるとよい。

2 硝酸カリウムの結晶は針状，塩化ナトリウムの結晶はサイコロのような形である。

ミス注意！

**温度による溶解度の差が小さい物質**…水を蒸発させて結晶をとり出す。塩化ナトリウムは，温度による溶解度の差が小さい物質の代表的なもの。

## ❻状態変化

基本をチェック

**❶状態変化　❷液体**

**❸気体　❹固体**

**❺気体　❻大きく**

**❼固体　❽質量**

**❾沸点　❿融点**

**⓫沸点　⓬融点**

**⓭蒸留　⓮沸点**

**⓯エタノール**

10点アップ！

**1 ❶A…気体　B…固体**

**❷a，c，f**

**2 ❶A…沸点　B…融点**

**❷a…ウ　b…エ**

**3 ❶例 液体が急に沸騰するのを防ぐため。**

**❷A　❸沸点**

解説

1 ❶粒子が飛び回り，体積がいちばん大きいAは気体，粒子が規則正しく並んでいるBは固体である。また，液体は粒子どうしの間隔が固体より広く気体よりせまい。

❷物質の状態は，加熱すると固体→液体→気体（固体→気体）と変化し，冷却すると気体→液体→固体（気体→固体）と変化する。

2 ❶**固体がとけて液体に変化するときの温度を融点といい，液体が沸騰して気体に変**

化するときの温度を沸点という。

❷ a, bのときのグラフは水平になっている。**純粋な物質が状態変化している間は，加熱を続けても温度が変わらず一定になる**ので，aでは固体の氷が液体の水に変化していて，bでは液体の水が気体の水蒸気に変化している。グラフが水平になっていない部分では，物質は固体か液体か気体のみの状態になっている。

3 ❶液体が急に沸騰することを突沸ともいい，危険なので必ず沸騰石を入れる。

❷ 1本目の試験管Aに集まった液体に，エタノールが最も多くふくまれている。

❸液体どうしの混合物を加熱すると，沸点の低い物質を多くふくんだ気体が先に出てくる。蒸留では，このことを利用して，それぞれの液体に分離することができる。

**ミス注意！**

エタノールの沸点は水の沸点よりも低い。

3章

# 身のまわりの現象

## ❶光の性質

**基本をチェック**

❶光源　❷直進
❸反射　❹乱反射
❺入射角　❻反射角
❼反射の法則　❽入射角
❾反射角　❿屈折
⓫入射角　⓬>
⓭屈折角　⓮<
⓯全反射

**10点アップ！**

1 ❶ A…入射角　B…反射角
❷ウ　❸(光の)反射の法則

2

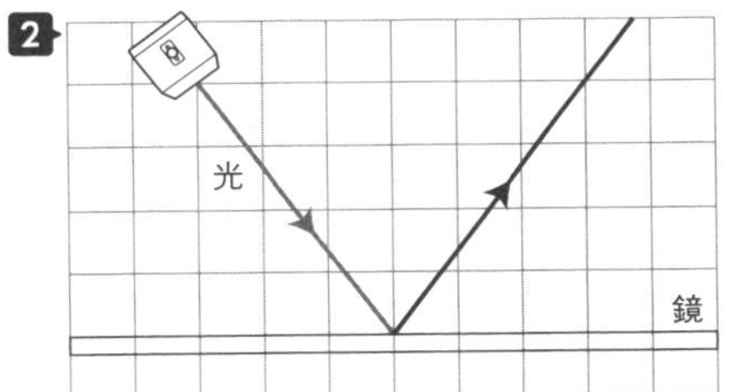


3 ❶ウ　❷全反射

**解説**

1 ❶

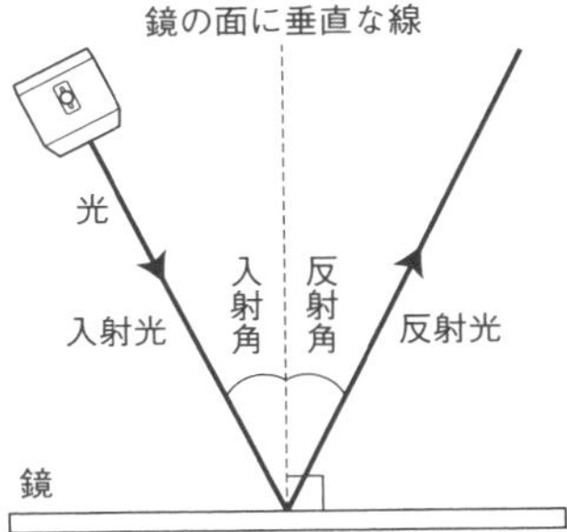


光が反射する面(鏡の面)に垂直な線と入射光との間にできる角を入射角といい，反射光との間にできる角を反射角という。

❷❸入射角と反射角の大きさは常に等しくなる。このことを(光の)反射の法則という。

2 入射角と反射角が等しくなるように作図する。

3 ❶**光は，異なる物質の境界面で折れ曲がる**性質がある。水中から空気中に進むときは，入射角＜屈折角となるように折れ曲がり，逆に，空気中から水中に進むときは，入射角＞屈折角となるように折れ曲がる。

**ミス注意！**

**光が空気中→水やガラス…入射角＞屈折角**
**光が水やガラス→空気中…入射角＜屈折角**

像の大きさは，**光源が焦点距離の2倍の位置にあるときに実物と同じ**になり，焦点距離の2倍の位置より遠いと実物より小さく，焦点距離の2倍の位置より近いと実物より大きくなる。

❸光源が焦点距離よりも凸レンズに近い位置にあるときに，スクリーン側から凸レンズをのぞくと見える像を虚像という。**虚像は，実物と向きが同じで，実物よりも大きく見える。**

**ミス注意！**

虚像は実物よりも大きく見える。ルーペ(凸レンズ)で拡大されて見える像は虚像である。

## ❷凸レンズのはたらき

### 基本をチェック

| | |
|---|---|
| ❶焦点 | ❷焦点距離 |
| ❸焦点 | ❹焦点距離 |
| ❺焦点 | ❻平行 |
| ❼実像 | ❽逆［反対］ |
| ❾虚像 | ❿実像 |
| ⓫虚像 | ⓬同じ |

### 10点アップ！

1 ①イ　②ク

2 ❶実像　❷A…エ　B…ウ
❸虚像

### 解説

1 ①光軸に平行に入った光は，反対側の焦点を通る。
②凸レンズの中心を通った光は，そのまま直進する。

2 ❶❷スクリーンにうつる像は実像なので，**向きは上下左右が逆(反対)**になる。また，

## ❸音の伝わり方

### 基本をチェック

| | |
|---|---|
| ❶音源 | ❷空気 |
| ❸波 | ❹空気 |
| ❺音源［発音体］ | ❻おそ |
| ❼振幅 | ❽振動数 |
| ❾ヘルツ | ❿振幅 |
| ⓫振幅 | ⓬振動数 |

### 10点アップ！

1 ❶音源［発音体］　❷ウ
❸ア，イ，ウ

2 ❶振幅　❷A　❸低くなる。
❹高くなる。

### 解説

1 ❷音は物体の振動によって生じる。Aの音さを鳴らしたときにBの音さが鳴るのは，**Aの音さの振動が空気を伝わってBの音さに届いた**からである。したがって，間に板を置くと振動が伝わりにくくなり，

Bの音さはほとんど鳴らなくなる。

**2**-❷振幅が大きいほど，大きな音が出る。

❸❹弦の張り方が強いほど，高い音が出る。また，弦の長さが短いほど，高い音が出る。

**ミス注意！**

弦をはじく強さが同じ場合，弦の張り方の強弱を変えても，音の大きさは変わらず，音の高さだけが変化する。

## ❹力のはたらき

### 基本をチェック

❶形 ❷運動
❸重力 ❹摩擦力
❺ニュートン ❻フックの法則
❼比例（関係） ❽重さ
❾質量

### 10点アップ！

**1**-①ア ②ウ

**2**-❶0.1N

❷

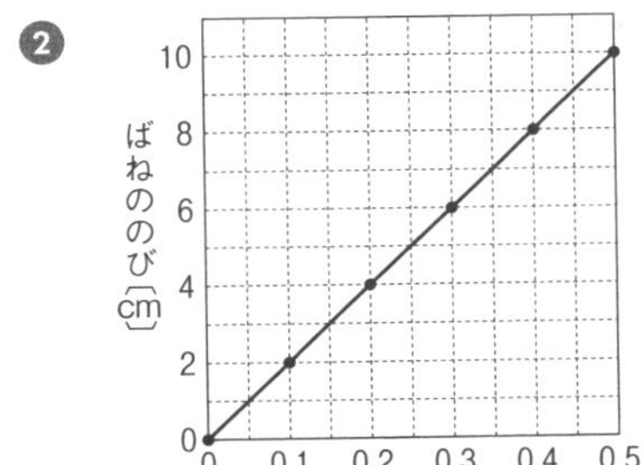


❸16cm

❹①50g ②1cm

### 解説

**1**-①手からばねに力を加えることで，ばねの形が変わる。

②手からかばんに力を加えることで，かばんを持ち上げ，落ちないように支えている。

**2**-❶100gの物体にはたらく重力の大きさを1Nとしているので，10gのおもりにはたらく重力の大きさは0.1Nである。

❷おもり1個にはたらく重力の大きさは0.1Nなので，おもり2個で0.2N，3個で0.3N，4個で0.4N，5個で0.5Nの力がばねにはたらく。グラフは原点を通る直線となる。

**ミス注意！**

はたらく力の大きさとばねののびは比例関係にあるので，**グラフは原点を通る直線**となる。このようなグラフにならないときは誤りである。

❸おもり1個にはたらく重力の大きさは0.1Nなので，おもり8個にはたらく重力の大きさは0.8Nである。表より，ばねはおもりが1個増える（0.1Nの力がはたらく）ごとに2cmのびるので，0.8Nの力がはたらくときのばねののびを$x$〔cm〕とすると，

$0.1:0.8=2:x$　$x=16$cm

❹①質量は物体そのものの量なので，重力の大きさが$\frac{1}{6}$になっても変わらない。したがって，10g×5＝50g

②重力の大きさが$\frac{1}{6}$になるので，ばねにはたらく力の大きさは$\frac{1}{6}$になり，ばねののびも$\frac{1}{6}$になる。表より，おもり3個のときのばねののびは，地球上では6cmなので，月面上では1cmとなる。

**ミス注意！**

**重さ**…場所によって変わる。単位はニュートン（N）。

**質量**…どこであっても変わらない。単位はg，kgなど。

## ❺力の表し方とつり合い

### 基本をチェック

❶作用点　❷大きさ
❸大きさ　❹作用点
❺つり合って　❻等しい
❼逆向き［反対］　❽（同）一直線
❾摩擦力　❿重力
⓫垂直抗力［抗力］　⓬摩擦力
⓭重力　⓮垂直抗力［抗力］

### 10点アップ！

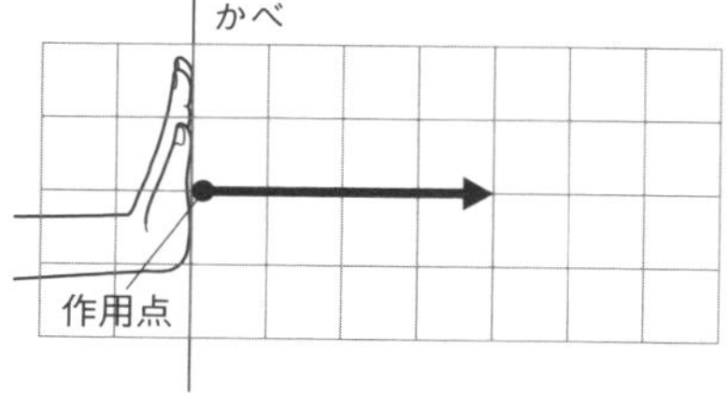


**2**　❶つり合っている。
❷2N
❸（同）一直線上にある。

**3**　❶重力
❷
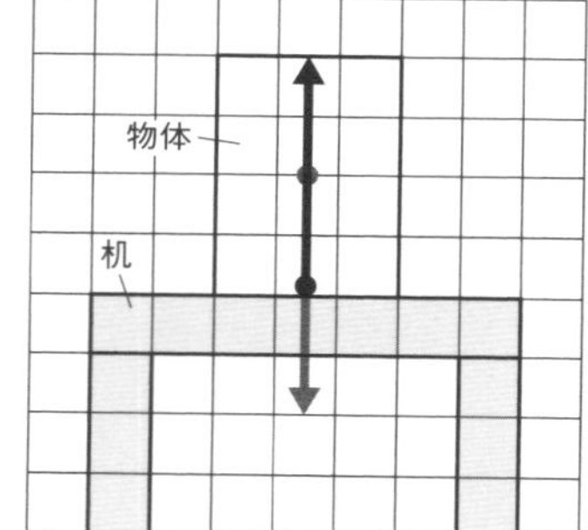


❸垂直抗力［抗力］　❹2N

### 解説

**1**　2Nの力を1目盛りで表すとしているので，8Nの力は4目盛り分の矢印で表す。

**2**　❶1つの物体に2つの力が加わって物体が動かないとき，物体にはたらく2力はつり合っている。
❷❸1つの物体にはたらく2力がつり合う条件は，
・**2つの力の大きさが等しい。**
つり合う力Aと力Bの大きさは等しいので力Bの大きさは2Nである。
・**2つの力の向きが逆向きである。**
・**2つの力が（同）一直線上にある。**

**3**　❷❸水平な面に置いた物体にはたらく力は重力で，面が物体を押す力である垂直抗力とつり合う。垂直抗力の作用点は机と接している物体の面の中央にとり，重力の大きさと等しい4目盛り分の長さの矢印を上向きにかく。
❹1目盛りが0.5Nを表しているので，4目盛りは2Nを表す。

4章

# 大地の変化

## ①火山と火成岩

### 基本をチェック

❶マグマ ❷ねばりけ
❸強い[大きい] ❹弱い[小さい]
❺火山噴出物 ❻鉱物
❼火成岩 ❽火山岩
❾斑状 ❿石基
⓫斑晶 ⓬石基
⓭斑晶 ⓮深成岩
⓯等粒状 ⓰玄武岩
⓱花こう岩

### 10点アップ!

1 ①C→B→A ②C
③黒っぽい。

2 ①火成岩
②A…斑晶 B…石基
③等粒状組織 ④エ

### 解説

1 ①**火山の形は，マグマのねばりけによって変化する。**ねばりけの強いマグマは流れにくいので，Cのような盛り上がったドーム状の形の火山となる。ねばりけの弱いマグマは流れやすいので，Aのような傾斜のゆるやかな形の火山となる。Bのような円すいのような形の火山のマグマのねばりけは，AとCの中間である。

②**火山の噴火のようすは，マグマのねばりけによって異なる。**マグマのねばりけが強いと爆発的な噴火になることが多く，マグマのねばりけが弱いと比較的おだやかに噴火することが多い。①より，最もマグマのねばりけが強いのはCの火山である。

③**火山の溶岩の色は，マグマのねばりけによって異なる。**マグマのねばりけが強いと白っぽくなり，マグマのねばりけが弱いと黒っぽくなる。Aはマグマのねばりけが弱い火山である。

2 ②火山岩で，形がわからないほどの小さな鉱物の集まりやガラス質の部分を**石基**といい，比較的大きな鉱物の結晶を**斑晶**という。

③同じくらいの大きさの鉱物がすき間なく集まってできている**深成岩のつくりを等粒状組織という。**一方，火山岩の石基と斑晶からなるつくりを**斑状組織**という。

④アのでき方は火山岩のでき方である。

**ミス注意!**
**深成岩**…マグマが地下深いところでゆっくりと冷え固まってできる。
**火山岩**…マグマが地表や地表近くで急速に冷え固まってできる。

## ②地震

### 基本をチェック

❶震源 ❷震央
❸初期微動 ❹P
❺主要動 ❻S
❼初期微動継続時間 ❽初期微動
❾主要動 ❿初期微動継続時間
⓫震度 ⓬マグニチュード
⓭プレート ⓮海洋
⓯大陸 ⓰活断層
⓱隆起 ⓲沈降

**10点アップ！**

**1** ❶**震源**　❷**震央**
❸**大きくなる。**　❹**ウ**
❺**津波**

**2** ❶A…**初期微動**　B…**主要動**
❷**15秒**　❸**長くなる。**

**解説**

**1** ❶❷地震が最初に発生した地下の点Aを震源，震源の真上の地表の点Bを震央という。
❸地震のゆれ（震度）は，**ふつう震央に近いほど大きくなり，遠ざかるほど小さくなる。**ただし，震央からの距離が同じ場所でも，土地のつくりやようすによって，震度が異なることがある。
❹マグニチュードは，その地震で放出されたエネルギーの大きさに対応するように決められており，数値が1ふえると地震のエネルギーは約32倍になる。**ア**は震度を表した内容である。

**ミス注意！**
**震度**…観測した場所でのゆれの大きさで，場所によって異なる。
**マグニチュード**…地震の規模を示す尺度で，1つの地震で1つ決まる値。

❺大陸プレートと海洋プレートの境界付近の海底で地震が起こると，海底の変形にともない津波が発生することがある。

**2** ❶地震のゆれのうち，P波によって伝わる**はじめの小さなゆれを初期微動という。**S波によって伝わる**後からくる大きなゆれを主要動という。**
❷**観測地点にP波が到達してからS波が到達するまでの時間の差を初期微動継続時間という。**初期微動継続時間は震源からの距離が遠いほど長くなる。図で，震源からの距離が130kmの地点を横に見ていくと，P波の到達は6時24分15秒，S波の到達は6時24分30秒なので，その差の15秒が初期微動継続時間である。
❸**P波はS波よりも伝わる速さが速い。**初期微動継続時間はP波とS波が観測地点に到達するまでの時間の差であり，それぞれの波は図より一定の速さで伝わっていることがわかる。このことから，**初期微動継続時間は震源からの距離に比例して長くなる。**

## ❸地層のでき方と堆積岩

**基本をチェック**

❶風化　❷侵食
❸運搬　❹堆積
❺泥　❻堆積岩
❼石灰岩　❽チャート
❾凝灰岩　❿化石
⓫示相化石　⓬示準化石
⓭サンヨウチュウ　⓮アンモナイト

**10点アップ！**

**1** ❶**風化**　❷**運搬**　❸**c**
❹**泥岩**

**2** ❶**ア**　❷**示相化石**　❸**ウ**

**解説**

**1** ❶風化によってできたもろくなった岩石が地層をつくるもととなる。
❷土砂を**けずるはたらきは侵食，運ぶはたらきは運搬，積もらせるはたらきは堆積**である。
❸**粒が小さいものはしずみにくく，遠くまで運ばれやすい。**土砂は粒の大きいものから，れき，砂，泥に区別されるので，図のaは最も粒の大きいれき，bは次に粒の大きい砂，cは最も粒の小さい泥を表している。

**⚠ミス注意！**

れき，砂，泥は粒の大きさで区別する。粒が大きいほどしずみやすく，粒が小さいほどしずみにくいので遠くまで運ばれやすい。

**2**-❶ Aの層ではサンゴの化石が見つかっている。サンゴは**あたたかくて浅い海**でしか生息できない生物なので，Aの層が堆積した当時の環境は，あたたかくて浅い海であったことがわかる。

❷地層が堆積した**当時の環境を示す化石を示相化石，地層が堆積した年代を知ることができる化石を示準化石**という。

❸ Bの層ではビカリアの化石が見つかっている。ビカリアは新生代に生息していた生物なので，Bの層が堆積した時代は新生代であると考えられる。

**⚠ミス注意！**

**示相化石の例**…サンゴ（あたたかくて浅い海），シジミ（河口や湖），ブナの葉（やや寒い気候の陸地）

**示準化石の例**…サンヨウチュウ（古生代），アンモナイト（中生代），ビカリア，ナウマンゾウ（新生代）

## ❹大地の変動

### ✔基本をチェック

❶しゅう曲　❷断層
❸かぎ層　❹柱状図
❺凝灰岩　❻大きい
❼近　❽中生代
❾火山灰

### 10点アップ！

**1**-❶断層　❷しゅう曲
❸ A，C

**2**-❶柱状図　❷ b→c→a
❸北

### 解説

**1**-❶ Aは岩盤を両側から押す力がはたらき，Bは岩盤を両側から引っぱる力がはたらき，地層のずれができた。

❷岩盤を両側から押す大きな力が長時間はたらき，波打つような曲がりができた。

❸ AとCは両側から押す力が，Bは両側から引っぱる力がはたらいてできた。

**⚠ミス注意！**

断層は，両側から押す力がはたらいてできるか，両側から引っぱる力がはたらいてできるかによって，地層のずれの方向が異なる。

**2**-❶柱状図に表すと，地層のようすがわかりやすくなる。

❷それぞれの地点の柱状図を，標高にそろえて並べなおすと，下の図のようになる。地層に上下の逆転は見られないことから，**下にある層ほど古く，上にある層ほど新しい**。

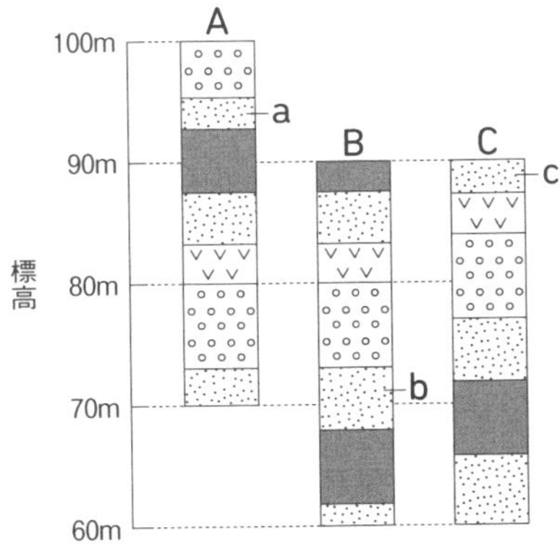


❸上の図の**火山灰の層に注目する**。火山灰の層は1つしかなく，各層は平行に重なっていることから考える。火山灰の層は，A地点とB地点で同じ標高であることや，図1から，A地点とB地点は東西方向に並んでいることから，東西方向に傾きはないことがわかる。C地点の火山灰の層は，A地点，B地点よりも標高が高い。

したがって，火山灰の層は，C地点からA，B地点の向き，つまり，北に低くなるように傾いている。

**ミス注意！**

柱状図は，実際の層の位置関係を示すように標高をそろえて並べる。